Dieter Metz • Uwe Naundorf • Jürgen Schlabbach

Kleine Formelsammlung Elektrotechnik

5., überarbeitete Auflage

Mit 337 Bildern

Fachbuchverlag Leipzig
im Carl Hanser Verlag

Prof. Dr.-Ing. Dieter Metz, Fachhochschule Darmstadt,
FB Elektrotechnik und Informationstechnik
(Kapitel 1 bis 7)

Prof. Dr.-Ing. Uwe Naundorf, Obertshausen,
(Kapitel 11, 12)

Prof. Dr.-Ing. Jürgen Schlabbach, Fachhochschule Bielefeld,
FB Ingenieurwissenschaften und Mathematik,
(Kapitel 8 bis 10)

Bibliografische Information der Deutschen Nationalbibliothek
Die Deutsche Nationalbibliothek verzeichnet diese Publikation in der Deutschen Nationalbibliografie; detaillierte bibliografische Daten sind im Internet über http://dnb.d-nb.de abrufbar.

ISBN 978-3-446-41755-7

Fachbuchverlag Leipzig im Carl Hanser Verlag

Internet: http://www.hanser.de

Covergestaltung: Stephan Rönigk
Druck und Bindung: Druckhaus „Thomas Müntzer“ GmbH,
Bad Langensalza
Printed in Germany

Vorwort

Die vorliegende „Kleine Formelsammlung Elektrotechnik" enthält die wichtigsten Formeln ausgewählter Gebiete der Elektrotechnik. Sie ist gleichermaßen für Studierende im Hochschul- und Universitätsbereich wie für Praktiker im industriellen Umfeld konzipiert. Sie kann ebenso Fachleute angrenzender Gebiete wie auch Lehrenden und Lernenden fachbezogener Ausbildungsgänge von Nutzen sein.

Angehende und praktizierende Ingenieure haben sich mit der ständigen und schnellen Zunahme von Spezialwissen auseinanderzusetzen. Eine solide Basis für ein lebenslanges, erfolgreiches Lernen und Arbeiten bildet die Kenntnis der Grundlagen, der Grundgesetze und der Funktionsprinzipien in der Elektrotechnik. Diese Sammlung enthält die wesentlichen Grundlagen. Sie dient der Übersicht, dem Nachschlagen von Zusammenhängen sowohl im ingenieurtechnischen, praktischen Umfeld als auch bei Prüfungsvorbereitungen und in Klausuren.

Die vorliegende erste Auflage ist bewusst kompakt konzipiert und präsentiert den Stoff in übersichtlicher Form. Ein Sachwortverzeichnis erleichtert den gezielten Einstieg zur Bearbeitung einer Fragestellung. Ergänzend zu den Formeln sind unmittelbar die Formelzeichen erläutert und klärende Hinweise zur Bearbeitung gegeben. Nach den Erfahrungen der Autoren ist diese Methodik zur Bearbeitung von Fragestellungen ohne langes Lesen von Lehrbuchkapiteln sehr nützlich.

Natürlich will auch diese Formelsammlung im Laufe der Zeit besser werden. Anregungen und Hinweise dafür sind willkommen.

Vorwort zur 5. Auflage

Die „Kleine Formelsammlung Elektrotechnik" hat sich als handliches Kompendium zum schnellen Nachschlagen von Formeln und Fakten hervorragend bewährt und am Markt etabliert. Für die 5. Auflage wurden die Optimierung von Feldanordnungen, die Spannungsstabilisierung mit Z-Diode und Transistor, der reale Operationsverstärker sowie das bidirektionale Transmissionsgatter ergänzt sowie einige Präzisierungen vorgenommen.

Januar 2009 Dieter Metz / Uwe Naundorf / Jürgen Schlabbach

Inhaltsverzeichnis

9 Elektrische Maschinen

10 Elektrische Netze

11 Bauelemente

12 Schaltungstechnik

1 Allgemeine Grundlagen und Definitionen

1.1 Schaltzeichen (Auswahl, s.a. DIN 40900)

ideale Stromquelle

ideale Spannungsquelle

Akkumulator, Primärzelle

—
Gleichspannung; Gleichstrom

∼
Wechselspannung; Wechselstrom

Kreuzung von zwei Leitungen

Abzweigung einer Leitung, einadrig

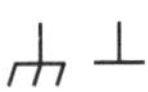
Verbindung mit Masse

Erde, allgemein

Fehler, Fehlerstelle

Spannungsmessgerät, anzeigend, Voltmeter

Strommessgerät, anzeigend, Amperemeter

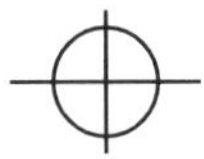
Messwerk zur Produktbildung

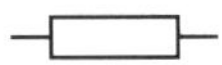
Widerstand, allgemein

Scheinwiderstand, Phasenwinkel beliebig

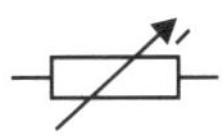
Widerstand, stetig veränderbar

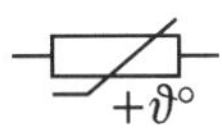

Widerstand mit positivem Temperaturkoeffizienten (Kaltleiter)

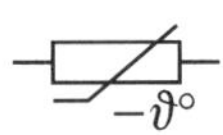

Widerstand mit negativem Temperaturkoeffizienten (Heißleiter)

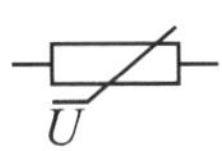

Widerstand, spannungsabhängig (Varistor)

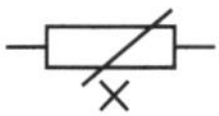
Widerstand, magnetfeldempfindlich

Kondensator, allgemein

Spule; Wicklung, allgemein

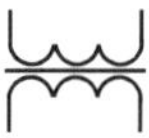
Einphasentransformator

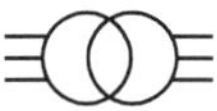
Zweiwicklungstransformator

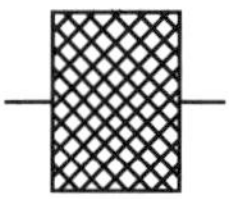
elektrisches Netz, allgemein

Gleichstrommotor, allgemein

Wechselstrommotor, allgemein

Synchrongenerator, allgemein

Drehstrom-Synchrongenerator

Diode

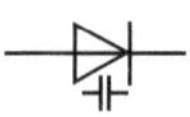
Kapazitätsdiode

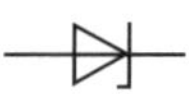
Z-Diode

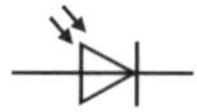
Fotodiode

bipolarer pnp-Transistor

bipolarer npn-Transistor

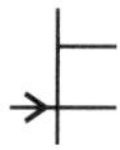
n-Kanal-Sperrschicht-Feldeffekttransistor

n-Kanal-Anreicherungs-Feldeffekttransistor

n-Kanal-Verarmungs-Feldeffekttransistor

p-Kanal-Anreicherungs-Feldeffekttransistor

p-Kanal-Verarmungs-Feldeffekttransistor

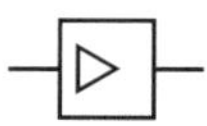
Verstärker, allgemein

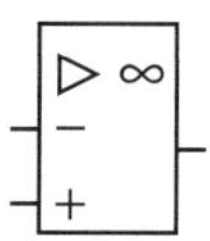

Idealer Operationsverstärker

1.2 Größen und Einheiten

Größen

Die Beschreibung elektrotechnischer Phänomene erfolgt mit Größen. Jeder spezielle Wert einer Größe (der Größenwert) kann als Produkt

$$\text{Größe} = \text{Zahlenwert} \cdot \text{Einheit}$$

dargestellt werden (siehe auch DIN 1313).

Beispiel: elektrische Stromstärke $I = 5\text{A}$

Basisgrößen und Basiseinheiten

Das Internationale Einheitensystem (SI) basiert auf sieben Einheiten:

Basisgröße	SI-Basiseinheit	
Länge l	m	(Meter)
Masse m	kg	(Kilogramm)
Zeit t	s	(Sekunde)
Stromstärke I	A	(Ampere)
Temperatur T	K	(Kelvin)
Stoffmenge n	mol	(Mol)
Lichtstärke I_v	cd	(Candela)

Abgeleitete Größen und Einheiten

Die in der Elektrotechnik verwendeten Größen stehen mit den Basisgrößen in einem Zusammenhang. Die Einheiten abgeleiteter Größen entstehen aus den physikalischen Zusammenhängen (siehe nachfolgende Tabelle):

Formelzeichen, Größen und SI-Einheiten

Formelzeichen	Größe	Einheit	Umrechnung zu den Basiseinheiten
B	magnetische Flussdichte	T (Tesla)	$T = Wb/m^2 = kg\ s^{-2}\ A^{-1}$
C	elektrische Kapazität	F (Farad)	$F = C/V = kg^{-1}\ m^{-2}\ s^4\ A^2$
D	elektrische Flussdichte	*	$C/m^2 = A\ s\ m^{-2}$
E	elektrische Feldstärke	*	$V/m = kg\ m\ s^{-3}\ A^{-1}$
F	Kraft	N (Newton)	$N = V\ A\ s\ m^{-1} = kg\ m\ s^{-2}$
f	Frequenz	Hz (Hertz)	$Hz = s^{-1}$
G	elektrischer Leitwert	S (Siemens)	$S = A/V = kg^{-1}\ m^{-2}\ s^3 A^2$
H	magnetische Feldstärke	*	$A\ m^{-1}$
I	elektrische Stromstärke	A (Ampere)	Basiseinheit
L	Induktivität	H (Henry)	$H = Wb/A = kg\ m^2\ s^{-2}\ A^{-2}$
P	Leistung	W (Watt)	$W = V\ A = kg\ m^2\ s^{-3}$
p	Druck	Pa (Pascal)	$Pa = N/m^2 = kg\ m^{-1}\ s^{-2}$
Q	elektrische Ladung	C (Coulomb)	$C = A\ s$
R	elektrischer Widerstand	Ω (Ohm)	$\Omega = V/A = kg\ m^2\ s^{-3}\ A^{-2}$
U	elektrische Spannung	V (Volt)	$V = W/A = kg\ m^2\ s^{-3}\ A^{-1}$
W	Arbeit	J (Joule)	$J = N\ m = kg\ m^2\ s^{-2}$
Ψ	elektrischer Fluss	C (Coulomb)	$C = A\ s$

1

Formelzeichen	Größe	Einheit	Umrechnung zu den Basiseinheiten
Φ	magnetischer Fluss	Wb (Weber)	$\mathrm{Wb = V\,s = kg\,m^2\,s^{-2}\,A^{-1}}$
φ	elektrisches Potenzial	V (Volt)	$\mathrm{V = W/A = kg\,m^2\,s^{-3}\,A^{-1}}$

* Es sind keine besonderen Einheiten definiert

Vorsätze (Zehnerpotenzen) zu den Einheiten

a (Atto)	a = 10^{-18}		E (Exa)	E = 10^{18}	
f (Femto)	f = 10^{-15}		P (Peta)	P = 10^{15}	
p (Piko)	p = 10^{-12}		T (Tera)	T = 10^{12}	
n (Nano)	n = 10^{-9}		G (Giga)	G = 10^{9}	
µ (Mikro)	µ = 10^{-6}		M (Mega)	M = 10^{6}	
m (Milli)	m = 10^{-3}		k (Kilo)	k = 10^{3}	
c (Zenti)	c = 10^{-2}		h (Hekto)	h = 10^{2}	
d (Dezi)	d = 10^{-1}		da (Deka)	da = 10^{1}	

1.3 Konstanten

Formelzeichen	Größe	Wert (z.T. gerundet)
c	Lichtgeschwindigkeit (Vakuum)	299 792 458 m/s
e	Elementarladung	$1{,}602 \cdot 10^{-19}$ C
g	Normfallbeschleunigung	$9{,}807\ \mathrm{m/s^2}$
h	Planck'sches Wirkungsquantum	$6{,}626 \cdot 10^{-34}$ J s
k	Boltzmann-Konstante	$1{,}381 \cdot 10^{-23}$ J/K
m_{eo}	Ruhemasse Elektron	$9{,}109 \cdot 10^{-31}$ kg
m_{po}	Ruhemasse Proton	$1{,}673 \cdot 10^{-27}$ kg
ε_0	elektrische Feldkonstante	$8{,}854 \cdot 10^{-12}$ F/m
μ_0	magnetische Feldkonstante	$1{,}257 \cdot 10^{-6}$ H/m

2 Elektrisches Feld

2.1 Definitionen und Grundzusammenhänge

Definition der elektrischen Feldstärke

$$\vec{E} = \frac{\vec{F}}{Q}$$

$\vec{F}$ Kraft des elektrischen Feldes
Q elektrische Ladung

Die Definition erfolgt aus der Wirkung von Kräften auf elektrische Ladungen.

Ursache der elektrischen Feldstärke

Von den elektrischen Ladungen strömt ein elektrischer Fluss in den Raum (Quellenfeld). Mit der räumlichen Verteilung entsteht der Vektor der elektrischen Flussdichte und mit der Permittivität der Vektor der elektrischen Feldstärke.

elektrischer Fluss	$\Psi = Q$
elektrische Flussdichte	$D = \frac{\mathrm{d}\Psi}{\mathrm{d}A}$
elektrischer Flussdichtevektor	$\vec{D} = D\vec{e}_\mathrm{r}$
elektrische Feldstärke	$E = \frac{D}{\varepsilon}$
elektrischer Feldstärkevektor	$\vec{E} = E\,\vec{e}_\mathrm{r}$

$\mathrm{d}A$ elementare Querschnittsfläche
ε Permittivität
$\vec{e}_\mathrm{r}$ Richtungsvektor $\quad |\vec{e}_\mathrm{r}| = 1$

Definition des elektrischen Potenzials

$$\varphi = \frac{W}{Q} = U_A$$

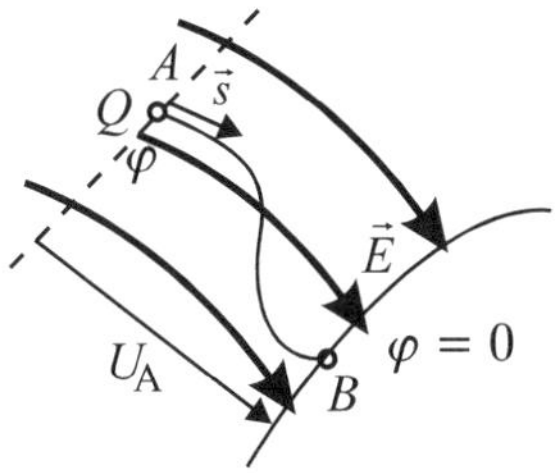

W Energie, die bei Bewegung der Ladung von *A* nach *B* entsteht

Q elektrische Ladung, die von *A* nach *B* transportiert wird

U_A Spannung (des Punktes *A* gegenüber der Bezugselektrode)

Das elektrische Potenzial ist der Quotient aus der Energie, die bei Bewegung einer elektrischen Ladung zur Bezugselektrode (Potenzial null) entsteht, und der bewegten elektrischen Ladung. Es ist damit die elektrische Spannung relativ zu der Bezugselektrode (unendlich weit entfernte oder negativ geladene Elektrode).

Zusammenhänge am Beispiel einer Punktladung

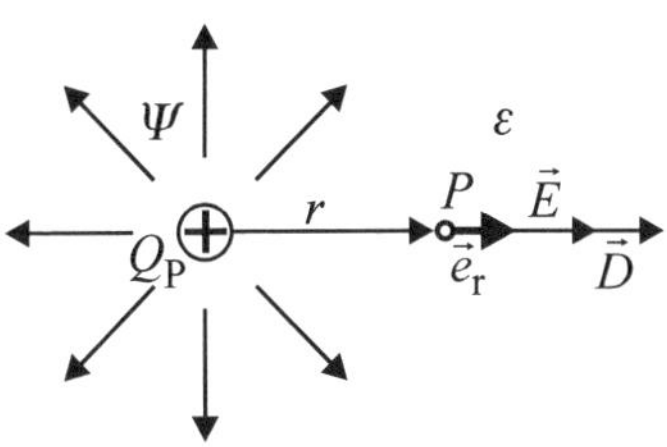

elektrischer Fluss $\Psi = Q_P$

elektrische Flussdichte $D = \frac{Q_P}{4\pi r^2}$

	elektrischer Flussdichtevektor	$\vec{D} = D\vec{e}_\mathrm{r}$
	elektrische Feldstärke	$E = \dfrac{Q_\mathrm{P}}{4\pi\varepsilon r^2}$
	elektrischer Feldstärkevektor	$\vec{E} = E\vec{e}_r$
Q_P	Punktladung	
ε	Permittivität	
r	Kugelkoordinate, Strecke Ladungszentrum – Raumpunkt P	
$\vec{e}_\mathrm{r}$	Richtungsvektor	$\lvert\vec{e}_\mathrm{r}\rvert = 1$

Elektrisches Potenzial in der Nähe von Punktladungen

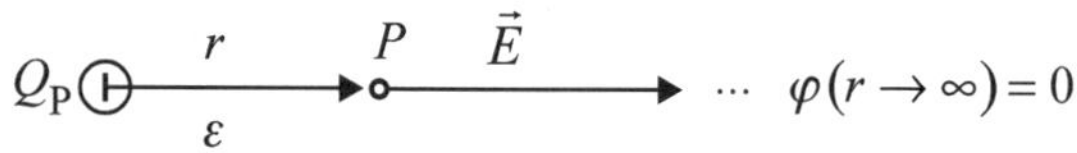

$$\varphi = \int_r^\infty \vec{E}\,\mathrm{d}\vec{r} = \frac{Q_\mathrm{P}}{4\pi\varepsilon_0 r}$$

$\vec{E}$	Vektor der elektrischen Feldstärke als Funktion von r
$\mathrm{d}\vec{r}$	Wegelementvektor

Definitionen
für homogene und inhomogene elektrische Felder

$\vec{E} = \text{konst.}$	homogenes elektrisches Feld
$\vec{E} = \vec{E}(x, y, z)$	inhomogenes elektrisches Feld

$\vec{E}$	Vektor der elektrischen Feldstärke
x, y, z	Richtungskoordinaten

Das homogene elektrische Feld hat einen überall gleichen, das inhomogene elektrische Feld einen ortsabhängigen Vektor der elektrischen Feldstärke.

Grafische Darstellung elektrischer Felder

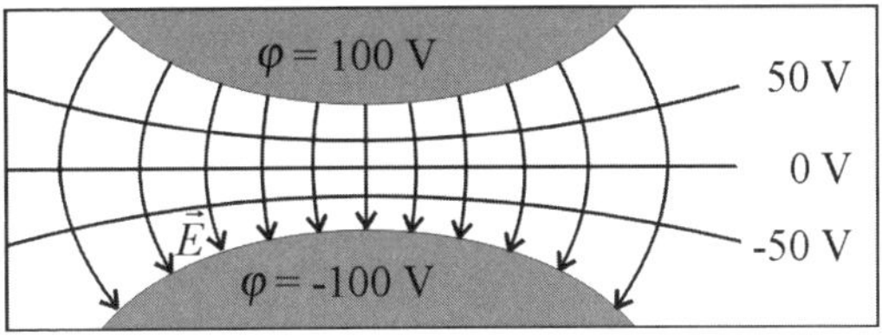

Das elektrische Feld wird zweidimensional mit Feldlinien und Äquipotenziallinien und dreidimensional mit Feldröhren und Äquipotenzialflächen dargestellt. Es gelten die folgenden Vereinbarungen:

- Feldlinien zeigen die Kraftrichtung.
- Quellen und Senken der Feldlinien sind elektrische Ladungen.
- Äquipotenziallinien verbinden Punkte gleichen Potenzials.
- Feldlinien und Äquipotenziallinien schneiden sich senkrecht.
- Größere Liniendichte bedeutet größere Feldstärke.
- Ein homogenes elektrisches Feld hat abstandsgleiche Linien.
- Im inhomogenen elektrischen Feld sinkt die elektrische Feldstärke in Richtung der Feldlinienkrümmung.

2.2 Elektrisches Feld in Nichtleitern

Elektrische Flussdichte und Feldstärke

$$\vec{D} = \varepsilon \vec{E}$$
$$\varepsilon = \varepsilon_r \varepsilon_0$$

$\vec{D}$ Vektor der elektrischen Flussdichte
$\vec{E}$ Vektor der elektrischen Feldstärke
ε Permittivität, Dielektrizitätskonstante
ε_r Permittivitätszahl, relative Dielektrizitätskonstante
ε_0 elektrische Feldkonstante (Permittivität des Vakuums)

Die Vektoren der elektrischen Flussdichte $\vec{D}$ und der elektrischen Feldstärke $\vec{E}$ sind über die Permittivität (materialabhängige elektrische Feldkonstante) ε verknüpft. Die Permittivität ist das Produkt aus der absoluten Feldkonstante (des Vakuums) und der materialabhängigen Permittivitätszahl ε_r.

Gauß'scher Satz des elektrischen Quellenfeldes

$$\oint_A D \, d\vec{A} = Q$$

$\vec{D}$ Vektor der elektrischen Flussdichte
A geschlossene Hüllfläche
$d\vec{A}$ elementarer Flächennormalenvektor
Q elektrische Ladung

Das Integral der elektrischen Flussdichte D über eine geschlossene Hülle A liefert als Nettofluss die von der Hülle eingeschlossene elektrische Ladung Q.

Elektrische Spannung zwischen Raumpunkten

$$U_{AB} = \varphi_A - \varphi_B = \int_A^B \vec{E}(s) \, d\vec{s}$$

$\vec{E}$ Vektor der elektrischen Feldstärke

$\varphi_A;\varphi_B$ Werte des Potenzials in den Punkten *A* und *B*

$d\vec{s}$ Vektor des Wegelements

Der Wert des Integrals wird null
- für geschlossene Wege (Endpunkt gleich Ausgangspunkt) und
- für Wege auf einer Äquipotenzialen (der Winkel zwischen den Vektoren Weg und elektrische Feldstärke ist stets 90°).

Spannungsberechnung für homogene und inhomogene Felder

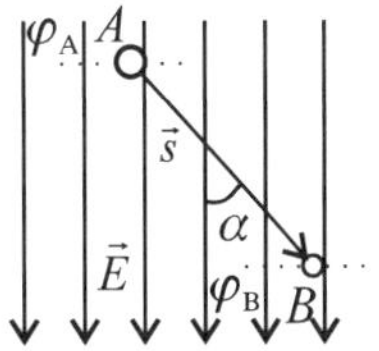

homogenes elektrisches Feld

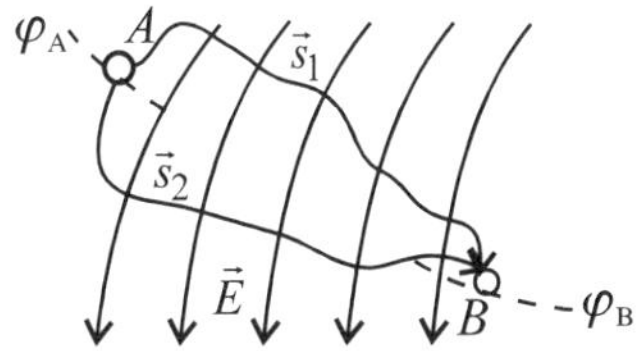

inhomogenes elektrisches Feld

$$U_{AB} = \vec{E}\,\vec{s} \qquad U_{AB} = \int_A^B \vec{E}(s_1)\,d\vec{s}$$

$$U_{AB} = Es\cos\alpha \qquad U_{AB} = \int_A^B E(s_1)\cos\alpha(s_1)\,ds$$

$$U_{AB} = \varphi_A - \varphi_B \qquad U_{AB} = \varphi_A - \varphi_B$$

$\vec{E};E$ Vektor der elektrischen Feldstärke; Betrag

$\vec{s};\vec{s}_1;\vec{s}_2$ Wege im Feldraum

$d\vec{s}$; ds Vektor des Wegelements, Betrag

α Winkel zwischen den Vektoren Weg und Feldstärke

$\varphi_A;\varphi_B$ Werte des elektrischen Potenzials in den Punkten *A* und *B*

Entstehung der Feldstärke aus der Potenzialfunktion

$$\vec{E} = -\text{grad}\ \varphi = -\left(\frac{\mathrm{d}\varphi}{\mathrm{d}x}\vec{e}_x + \frac{\mathrm{d}\varphi}{\mathrm{d}y}\vec{e}_y + \frac{\mathrm{d}\varphi}{\mathrm{d}z}\vec{e}_z\right)$$

φ Potenzialfunktion (Skalarfunktion)

grad φ mathematisches Symbol zur richtungsorientierten Differenziation. Aus einer Skalarfunktion $\varphi(x, y, z)$ entsteht mit der Gradientenbildung die gerichtete Größe $\vec{E}$.

$\vec{e}_x; \vec{e}_y; \vec{e}_z$ Richtungsvektoren in x-, y- und z-Richtung eines kartesischen Koordinatensystems; $|\vec{e}_\mathrm{x}| = |\vec{e}_\mathrm{y}| = |\vec{e}_\mathrm{z}| = 1$

Influenzwirkung im elektrischen Feld

Bei leitfähigen Probekörpern findet in einem elektrischen Feld eine Ladungstrennung statt (Influenz), bis der Probekörper im Innern feldfrei ist (Faraday'scher Käfig). Die äußere elektrische Flussdichte wird zur Ladungsdichte auf der Oberfläche des Probekörpers.

Influenzwirkung bei einem Probekörper

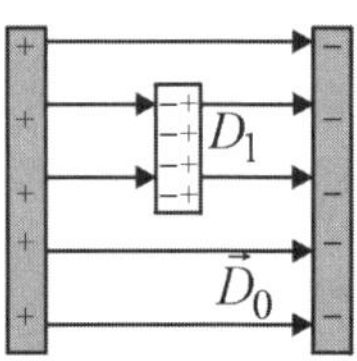

$D_1 = |\vec{D}_0|$

Influenzwirkung führt zum feldfreien Innenraum (Faraday'scher Käfig)

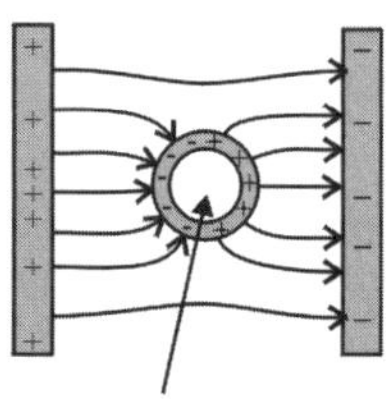

$\vec{E}_i = 0$

$\vec{D}_0$ Vektor der äußeren elektrischen Flussdichte

D_l	Betrag der Ladungsdichte auf der Oberfläche
E_i	Feldstärke im Inneren des Probekörpers

2

Elektrisches Potenzial in der Nähe von Linienladungen

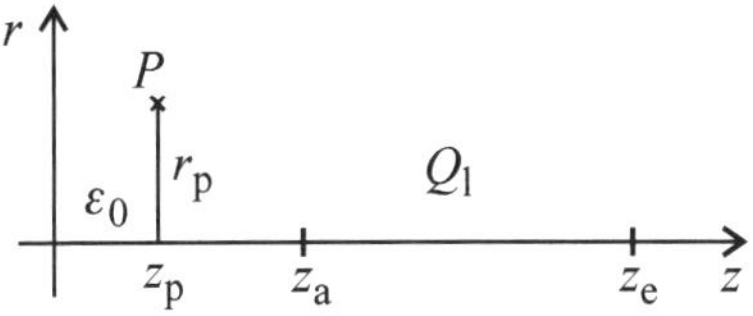

$$\varphi = \frac{Q_l}{4\pi\varepsilon_0(z_e - z_a)} \ln \frac{(z_e - z_p) + \sqrt{r_p^2 + (z_e - z_p)^2}}{(z_a - z_p) + \sqrt{r_p^2 + (z_a - z_p)^2}}$$

Q_l	Linienladung
$z_a; z_e$	Koordinaten der Linienladung
$r_p; z_p$	Koordinaten des Punktes *P*
ε_0	elektrische Feldkonstante

Elektrisches Potenzial in der Nähe von Ringladungen

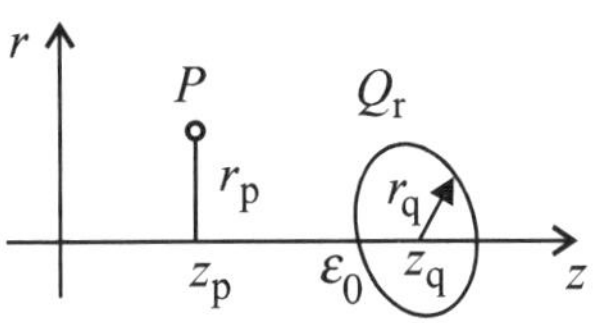

$$\varphi = \frac{Q_r k' K(k')}{8\pi^2 \varepsilon_0 \sqrt{r_p r_q}}$$

mit $K(k') = \int_0^{\frac{\pi}{2}} \frac{\mathrm{d}\Psi}{\sqrt{1-k'^2 \sin^2\Psi}}$ $\quad k' = \sqrt{\frac{4 r_q r_p}{(r_q + r_p)^2 + (z_q - z_p)^2}}$

Q_r Ringladung
$K(k')$ elliptisches Integral mit dem Argument k'
$r_q; z_q$ Koordinaten der Ringladung
$r_p; z_p$ Koordinaten des Punktes P

Grenzflächen im elektrostatischen Feld

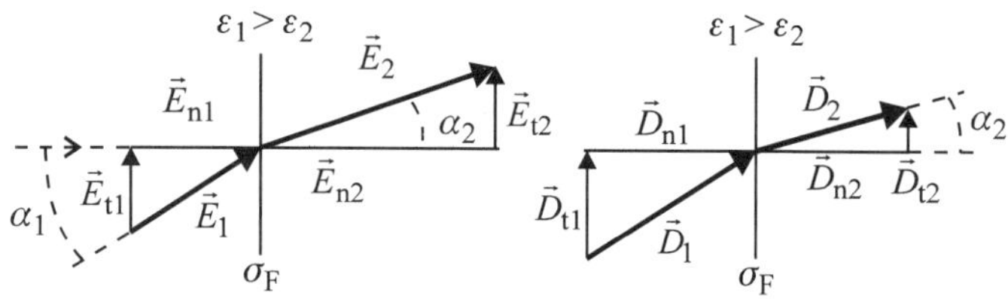

Elektrische Feldstärke und elektrische Flussdichte

$$E_{t2} = E_{t1} \qquad D_{n2} = D_{n1}$$

$$\frac{E_{n2}}{E_{n1}} = \frac{\varepsilon_1}{\varepsilon_2} \qquad \frac{D_{t2}}{D_{t1}} = \frac{\varepsilon_2}{\varepsilon_1}$$

$$\frac{\tan\alpha_2}{\tan\alpha_1} = \frac{\varepsilon_2}{\varepsilon_1} \qquad \alpha_i = \arctan\frac{E_{ti}}{E_{ni}} \quad i = 1,2$$

$\vec{E}_{t1}; \vec{E}_{t2}$ Tangentialkomponenten der elektrischen Feldstärke
$\vec{E}_{n1}; \vec{E}_{n2}$ Normalenkomponenten der elektrischen Feldstärke
$\vec{D}_{t1}; \vec{D}_{t2}$ Tangentialkomponenten der elektrischen Flussdichte
$\vec{D}_{n1}; \vec{D}_{n2}$ Normalenkomponenten der elektrischen Flussdichte
$\alpha_1; \alpha_2$ Winkel, unter denen die Grenzfläche geschnitten wird

Die tangentialen Komponenten der elektrischen Feldstärke und die normalen Komponenten der elektrischen Flussdichte sind auf einer ladungsfreien Grenzschicht ($\sigma_F = 0$) stetig.

Elektrische Ladungsdichte auf einer Grenzschicht

$$\sigma_F = \frac{dQ}{dA} = D_{n2} - D_{n1}$$

$D_{n1}; D_{n2}$ Normalenkomponenten der elektrischen Flussdichte

Eine stationäre elektrische Ladungsdichte σ_F auf der Grenzschicht kann über die Änderung der elektrischen Flussdichte ermittelt werden.

2.3 Kraft und Energie im elektrischen Feld

Kraftgesetz

$$\vec{F} = Q\vec{E}$$

$\vec{E}$ von außen einwirkende elektrische Feldstärke
Q elektrische Ladung

Eine elektrische Ladung Q erfährt in einem von außen einwirkenden elektrischen Feld mit der elektrischen Feldstärke $\vec{E}$ eine Kraft $\vec{F}$.

Coulomb'sches Gesetz

$$\vec{F} = \frac{Q_1 Q_2}{4\pi\varepsilon_0 a^2}\vec{e}_r$$

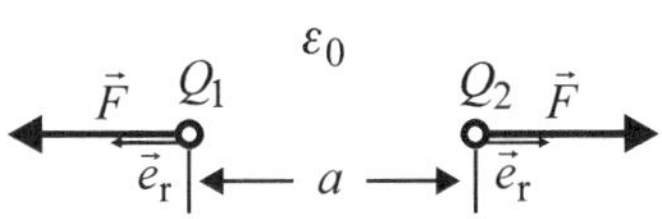

$\vec{F}$ Kraft auf jede der elektrischen Ladungen im Feld

$Q_1; Q_2$ elektrische Punktladungen
ε_0 elektrische Feldkonstante
a Abstand der elektrischen Ladungen
$\vec{e}_r$ Richtungsvektor $|\vec{e}_r| = 1$

Das Coulomb'sche Gesetz beschreibt die Kraftwirkung zweier Punktladungen aufeinander. Gleichnamige elektrische Ladungen stoßen sich ab.

Kraft zwischen zwei Platten

$$F = \frac{\varepsilon A U^2}{2d^2}$$

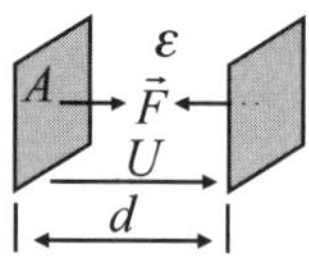

$$\frac{dW}{dV} = \frac{F}{A} = \frac{\varepsilon E^2}{2}$$

ε Permittivität
A Oberfläche (einer) Platte
U elektrische Spannung
d Plattenabstand

dW Energieänderung
dV Volumenänderung
E elektr. Feldstärke

Kraft aufgrund unterschiedlicher Größen der Permittivität

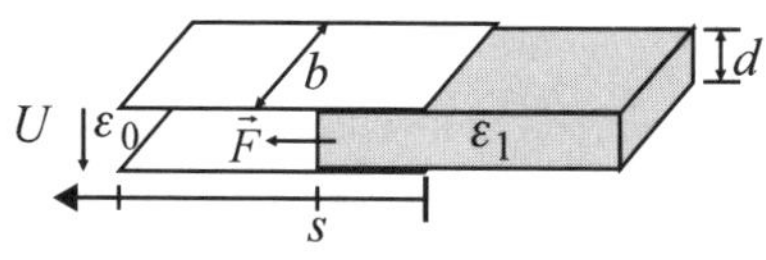

$$F = \frac{U^2 b(\varepsilon_1 - \varepsilon_0)}{2d} = \frac{E^2 bd}{2}(\varepsilon_1 - \varepsilon_0)$$

$\varepsilon_1; \varepsilon_0$ Permittivitäten
b Breite der Platte
d Plattenabstand

U elektrische Spannung
E elektrische Feldstärke

Materialien mit einer hohen Permittivität bewegen sich in Bereiche mit hoher elektrischer Feldstärke.

2

Zusammenhang von Kraft und Energie

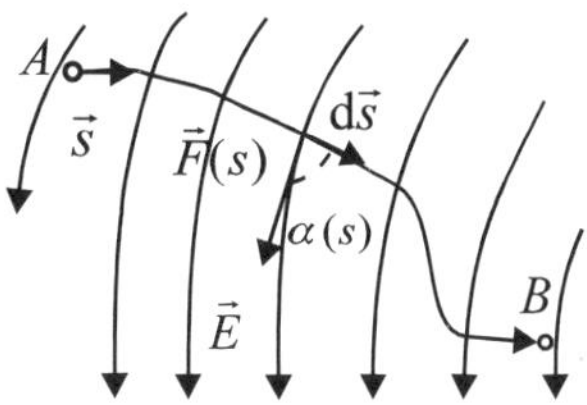

$$\vec{F} = Q\vec{E}$$

Inhomogenes Feld	Homogenes Feld
$W_{AB} = \int_A^B \vec{F}(s)\,\mathrm{d}\vec{s}$	$W_{AB} = \vec{F}\vec{s}$
$W_{AB} = \int_A^B F(s)\cos\alpha(s)\,\mathrm{d}s$	$W_{AB} = Fs\cos\alpha$
$W_{AB} = Q\int_A^B \vec{E}(s)\,\mathrm{d}\vec{s}$	$W_{AB} = Q\vec{E}\vec{s}$
$W_{AB} = QU$	$W_{AB} = QU$

$$W_{AB} = \int_A^B \vec{F}(s)\,\mathrm{d}\vec{s}$$

$\vec{F}$ Vektor der Kraft
W_{AB} zu- bzw. abgeführte elektrische Energie
Q Ladung, auf die die Kraft $\vec{F}$ ausgeübt wird
$\vec{E}$ Vektor der elektrischen Feldstärke
$\vec{s};\mathrm{d}\vec{s}$ Wegvektor; Wegelementvektor
$U = \int \vec{E}(s)\,\mathrm{d}\vec{s}$ elektrische Spannung

Die Kraft $\vec{F}$ auf eine elektrische Ladung Q im Feld ist am Ort der elektrischen Ladung zu ermitteln. Mit der Bewegung der elektrischen Ladung im Feld wird eine Energie (Arbeit) umgesetzt.

Energiewandlung

Eine selbstständige (freie) Bewegung wandelt elektrische in mechanische Energie um. Bei einer erzwungenen Bewegung kann mechanische Energie in elektrische umgewandelt werden.

2.4 Elektrisches Strömungsfeld in räumlichen Leitern

Elektrische Stromstärke

$$I = \frac{\mathrm{d}Q}{\mathrm{d}t} = \pi r^2 \rho v$$

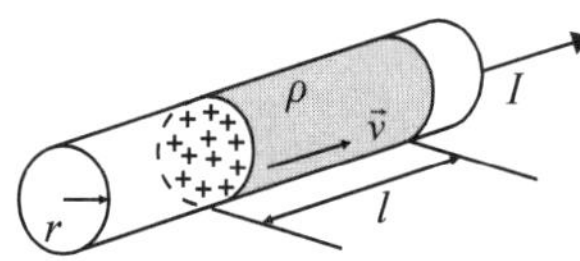

$$I = \frac{\mathrm{d}Q}{\mathrm{d}t} = \text{konst.} \qquad \text{Gleichstrom}$$
$$I = i(t) \qquad \text{zeitabhängiger Strom}$$

ρ	Raumladungsdichte der Ladungsträger, die am Stromtransport teilnehmen
r	Leiterradius
v	Ladungsträgergeschwindigkeit
$\mathrm{d}Q$	Ladungsmenge
$\mathrm{d}t$	Zeitintervall

Die elektrische Stromstärke I (auch kurz als Strom bezeichnet) ist definiert als die Ladungsmenge $\mathrm{d}Q$, die in der Zeit $\mathrm{d}t$ eine Leiterquerschnittsfläche durchtritt.

Stromrichtung

Eine positive Richtung der elektrischen Stromstärke bezieht sich auf eine Bewegungsrichtung positiver Ladungsträger. Dies ist identisch mit der Bewegung negativer Ladungen in entgegengesetzter Richtung. Da in metallischen Leitern Elektronen die Ladungsträger sind, bewegen sich diese gegen die als positiv definierte elektrische Stromrichtung.

Elektrische Stromdichte

$$J = \frac{I}{A} \quad \text{homogenes elektrisches Strömungsfeld}$$

$$J = \frac{\mathrm{d}I}{\mathrm{d}A} \quad \text{inhomogenes elektrisches Strömungsfeld}$$

$$I = \int_A \vec{J}\,\mathrm{d}\vec{A}$$

I elektrische Stromstärke durch die Querschnittsfläche $\vec{A}$

$\mathrm{d}I$ Teilstromstärke durch die elementare Querschnittsfläche $\mathrm{d}\vec{A}$

A Größe (Betrag) der Querschnittsfläche $\vec{A}$

$\mathrm{d}\vec{A}$ Flächennormalenvektor der elementaren Querschnittsfläche

Raumladungsdichte

$$\rho = \frac{Q}{V}$$

Q Ladungsträgersumme für den Stromtransport (Stoffkonstante)

V Volumen

Ladungsträgergeschwindigkeit

$$\vec{v} = \frac{\vec{J}}{\rho}$$

Die elektrische Stromdichte $\vec{J}$ ist eine vektorielle Größe mit gleicher Richtung wie der Vektor der Ladungsträgergeschwindigkeit $\vec{v}$. Bei Metallen liegen typische Ladungsträgergeschwindigkeiten im Bereich mm/s.

Zusammenhang zwischen elektrischer Stromdichte und elektrischer Feldstärke

$$\vec{J} = \gamma \vec{E}$$

$\vec{J}$ Vektor der elektrischen Stromdichte
$\vec{E}$ Vektor der elektrischen Feldstärke
γ elektrische Leitfähigkeit

Die elektrische Stromdichte $\vec{J}$ und die elektrische Feldstärke $\vec{E}$ sind über die elektrische Leitfähigkeit γ eines Materials direkt proportional.

Leistungsdichte und Leistung im stationären elektrischen Strömungsfeld

$$\frac{\mathrm{d}P}{\mathrm{d}V} = \vec{J}\,\vec{E}$$
$$P = \int_V \vec{J}\,\vec{E}\,\mathrm{d}V$$

$\vec{J}$ Vektor der elektrischen Stromdichte

$\vec{E}$ Vektor der elektrischen Feldstärke
V; $\mathrm{d}V$ Volumen; Volumenelement

2

Energie im stationären elektrischen Strömungsfeld

$$W = \int P \, \mathrm{d}t$$

P elektrische Leistung

Elektrischer Widerstand und Strömungsfeld eines Leiters mit konstanter Querschnittsfläche A

$$R = \frac{l}{\gamma A}$$

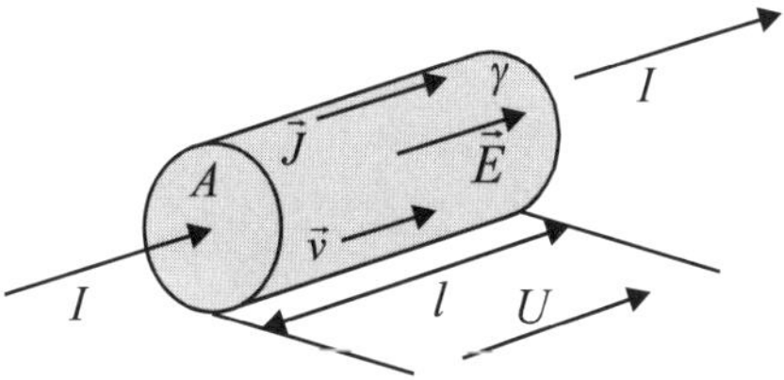

Elektrische Stromdichte (Betrag)

$$J = \frac{I}{A}$$

Elektrische Feldstärke (Betrag)

$$E = \frac{J}{\gamma} = \frac{U}{l}$$

Elektrische Spannung

$$U = El = \frac{Jl}{\gamma}$$

I elektrische Stromstärke
l Länge des Leiters
A Querschnittsfläche
γ elektrische Leitfähigkeit

Elektrischer Widerstand und Strömungsfeld eines koaxialen Leiters (bei radialsymmetrischer Strömung)

$$R = \frac{\ln {r_a}/{r_i}}{2\pi\gamma l}$$

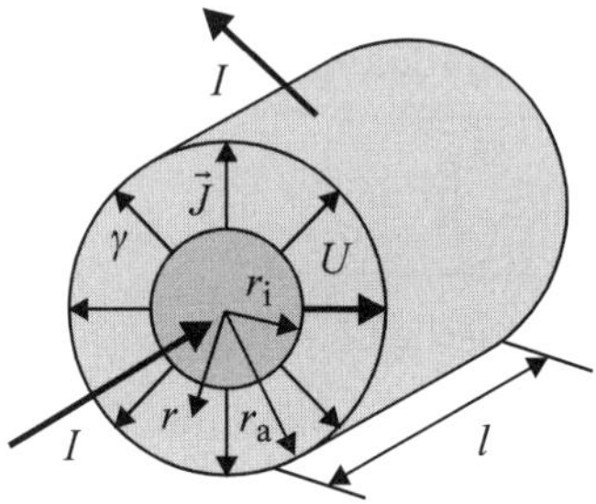

Elektrische Stromdichte (Betrag)

$$J = \frac{I}{2\pi r l}$$

Elektrische Feldstärke (Betrag)

$$E = \frac{I}{2\pi\gamma\, r l}$$

Elektrische Spannung (Integration längs einer Feldlinie)

$$U = \int_{r_i}^{r_a} E \, \mathrm{d}r = \frac{I}{2\pi\gamma l} \ln \frac{r_a}{r_i}$$

l	Länge des Leiters
A	Querschnittsfläche
r	Radius, von der Leiterachse aus gerechnet
$r_i; r_a$	Innen- und Außenradius des koaxialen Leiters
γ	elektrische Leitfähigkeit

Halbkugelsymmetrisches elektrisches Strömungsfeld eines Blitzeinschlages

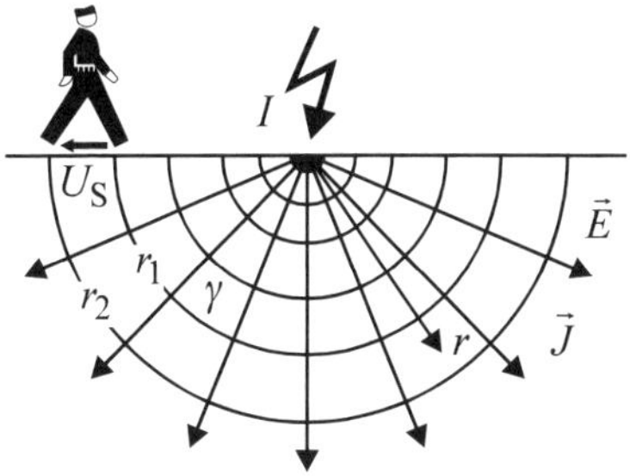

2

Elektrische Stromdichte (Betrag)

$$J = \frac{I}{A} = \frac{I}{2\pi r^2}$$

Elektrische Feldstärke (Betrag)

$$E = \frac{I}{\gamma A} = \frac{I}{2\pi\gamma r^2}$$

Schrittspannung

$$U_S = \int_{r_1}^{r_2} E \, dr = \frac{I}{2\pi\gamma}\left(\frac{1}{r_1} - \frac{1}{r_2}\right)$$

I	elektrische Stromstärke
A	Querschnittsfläche
r	Radius, vom Blitz-Aufschlagpunkt aus gerechnet
γ	elektrische Leitfähigkeit
$r_i; r_a$	Radien der Schrittpunkte von der Einschlagstelle

Grenzflächen im elektrischen Strömungsfeld

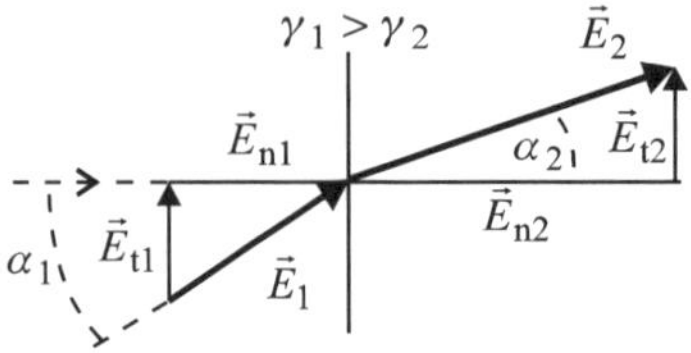

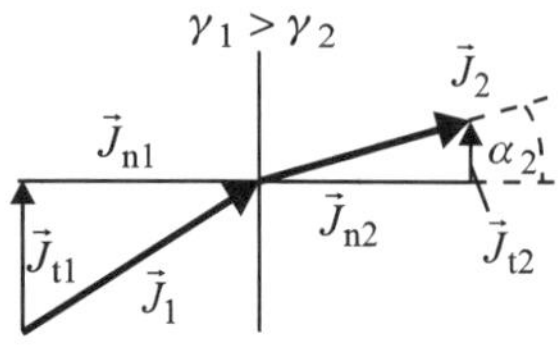

Elektrische Feldstärke und Stromdichte an Grenzflächen

$$E_{t2} = E_{t1} \qquad J_{n2} = J_{n1}$$

$$\frac{E_{n2}}{\mathrm{E}_{n1}} = \frac{\gamma_1}{\gamma_2} \qquad \frac{J_{t2}}{J_{t1}} = \frac{\gamma_2}{\gamma_1}$$

$$\frac{\tan\alpha_2}{\tan\alpha_1} = \frac{\gamma_2}{\gamma_1}$$

$\vec{E}_{t1};\vec{E}_{t2}$	Tangentialkomponenten der elektrischen Feldstärke
$\vec{E}_{n1};\vec{E}_{n2}$	Normalenkomponenten der elektrischen Feldstärke
$\vec{J}_{t1};\vec{J}_{t2}$	Tangentialkomponenten der elektrischen Stromdichte
$\vec{J}_{n1};\vec{J}_{n2}$	Normalenkomponenten der elcktrischen Stomdichte
$\alpha_1;\alpha_2$	Winkel, unter denen die Grenzfläche geschnitten wird
$\gamma_1;\gamma_2$	elektrische Leitfähigkeiten

Die Tangentialkomponenten der elektrischen Feldstärke und die Normalenkomponenten der elektrischen Stromdichte sind stetig.

2.5 Kondensatoren

Definition der elektrischen Kapazität

$$C = \frac{Q}{U}$$

Q elektrische Ladung
U elektrische Spannung am Kondensator

Energieinhalt eines geladenen Kondensators

$$W = \frac{CU^2}{2} = \frac{QU}{2}$$

Parallelschaltung von Kondensatoren

Die Einzelkapazitäten addieren sich zur Gesamtkapazität. Alle Einzelladungen stellen sich unabhängig voneinander ein.

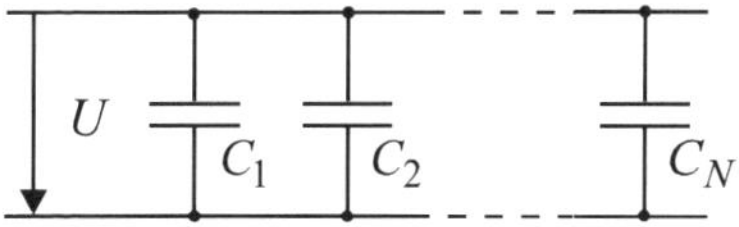

Gesamtkapazität

$$C = \sum_{i=1}^{N} C_i \ (i = 1, 2, \ldots, N)$$

$$C = C_1 + C_2 + \ldots + C_N$$

Einzelladungen

$$Q_i = C_i U \quad (i = 1, 2, \ldots, N)$$

C_i Einzelkapazitäten
U elektrische Spannung an der Parallelschaltung

Reihenschaltung von Kondensatoren

Die Kehrwerte der Einzelkapazitäten addieren sich zum Kehrwert der Gesamtkapazität. Alle Kondensatoren tragen die gleiche elektrische Ladung, die auch die Gesamtladung ist. Jede Teilspannung stellt sich abhängig von der Einzelkapazität ein.

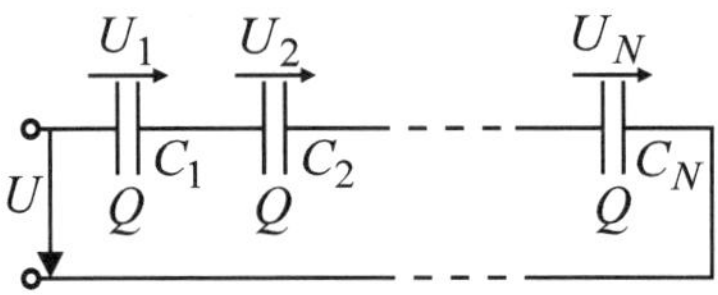

Alle Ladungen Q identisch

Gesamtkapazität

$$\frac{1}{C} = \sum_{i=1}^{N} \frac{1}{C_i} \quad (i = 1, 2, \ldots, N)$$

$$C = \frac{1}{\frac{1}{C_1} + \frac{1}{C_2} + \ldots + \frac{1}{C_N}}$$

Einzelladungen und Gesamtladung

$$Q = CU = \text{konst.}$$

Teilspannungen

$$U_i = \frac{Q}{C_i}$$

Spannungsteiler für zwei Kapazitäten

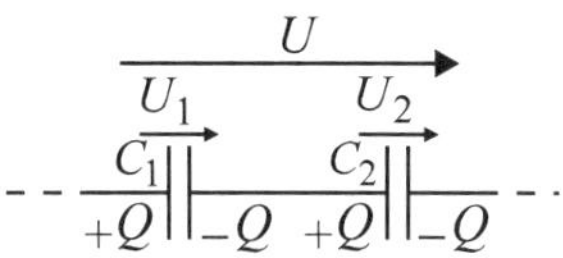

$$\frac{U_1}{U} = \frac{C_2}{C_1 + C_2}$$

$$\frac{U_1}{U_2} = \frac{C_2}{C_1}$$

U	Gesamtspannung
$U_1; U_2$	Teilspannungen
$C_1; C_2$	Kapazitäten

Kondensatorformen mit Kapazitäten und Feldverläufen

Plattenkondensator Zylinderkondensator/Kugelkondensator Koaxialkabel

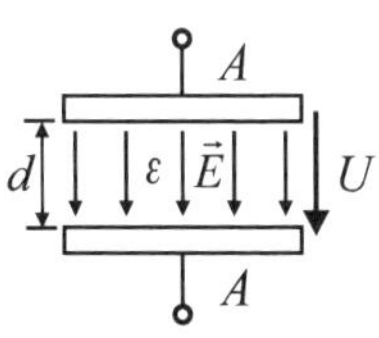

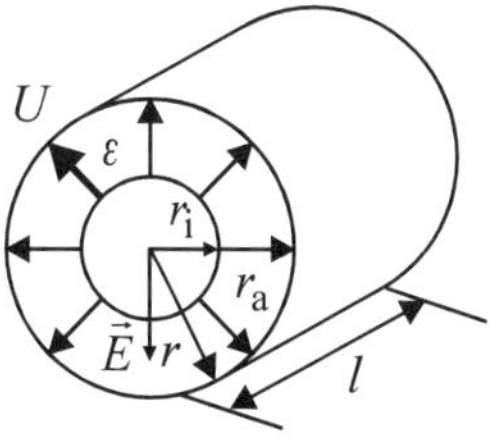

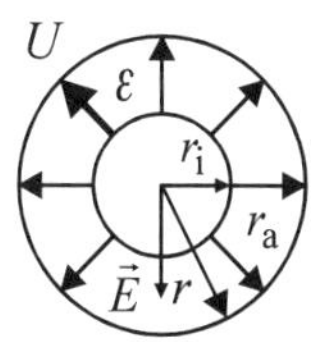

$$E = \frac{U}{d}$$

$$E = \frac{U}{r \ln \frac{r_a}{r_i}}$$

$$E = \frac{U r_a r_i}{r^2 (r_a - r_i)}$$

$$C = \frac{\varepsilon A}{d}$$

$$C = \frac{2\pi\varepsilon l}{\ln \frac{r_a}{r_i}}$$

$$C = \frac{4\pi\varepsilon r_a r_i}{r_a - r_i}$$

U Spannung am Kondensator
d Plattenabstand
A Plattenoberfläche
$r_i; r_a$ Innenradius; Außenradius
r variabler Radius $r_i > r > r_a$
l Länge des Zylinderkondensators
ε Permittivität

Optimierung von Feldanordnungen

Bei gegebener Spannung und Außenradius ergibt sich eine kleinstmögliche Feldstärke an der Innenelektrode, wenn gilt:

$$r_i = \tfrac{1}{2} r_a$$

Kugelkondensator

$$r_i = r_a / e$$

Zylinderkondensator

r_i Radius der Innenelektrode
r_a Radius der Außenelektrode
e Wachstumszahl $e = 2{,}7183$ ...

Kapazität einer frei im Raum schwebenden Kugel

$$C = 4\pi\varepsilon r_i$$

r_i Kugelradius

2

Kapazität einer einzelnen Freileitung (Leiterseil) **über Erde**

$$C = \frac{2\pi \varepsilon l}{\ln \frac{2h}{r}}$$

l	Länge der Leitung
h	Höhe über Erde
r	Leiterradius
ε	Permittivität

Kapazität einer Doppelleitung in Luft (zwei Leiterseile)

$$C = \frac{2\pi \varepsilon_0 l}{\ln \frac{a}{r}}$$

l	Länge der Leitung
a	Abstand der Leiter(zentren)
r	Leiterradius
ε_0	Permittivität der Luft

Geschichtetes Dielektrikum

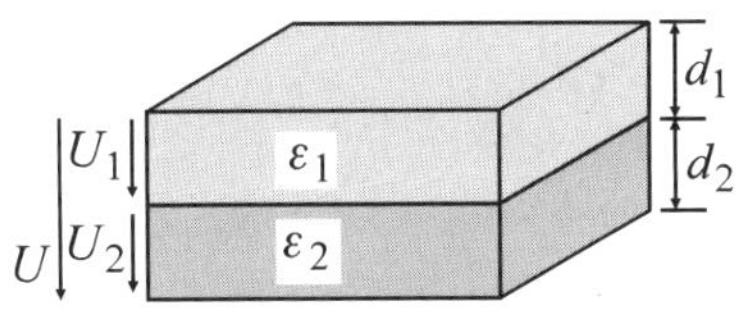

Verhältnis der Teilspannungen

$$v = \frac{U_1}{U_2} = \frac{\varepsilon_2 d_1}{\varepsilon_1 d_2}$$

Teilspannungen

$$U_1 = \frac{U\nu}{1+\nu} \qquad U_2 = \frac{U}{1+\nu}$$

$\varepsilon_1;\varepsilon_2$ Permittivitäten
$d_1;d_2$ Schichtdicken

Dielektrikum mit zylindrischer Schichtung zur Feldsteuerung

Durch eine höhere Permittivität ε_1 im Bereich der Innenelektrode kann die maximale Feldstärke innen auf Kosten einer Erhöhung im Außenbereich abgesenkt werden. Es entsteht eine Reihenschaltung zweier Kondensatoren:

innen $C_1(r_\mathrm{i}, r_\mathrm{t}, \varepsilon_1)$ und außen $C_2(r_\mathrm{t}, r_\mathrm{a}, \varepsilon_2)$.

Vergleich: Ungesteuerte Anordnung Gesteuerte Anordnung

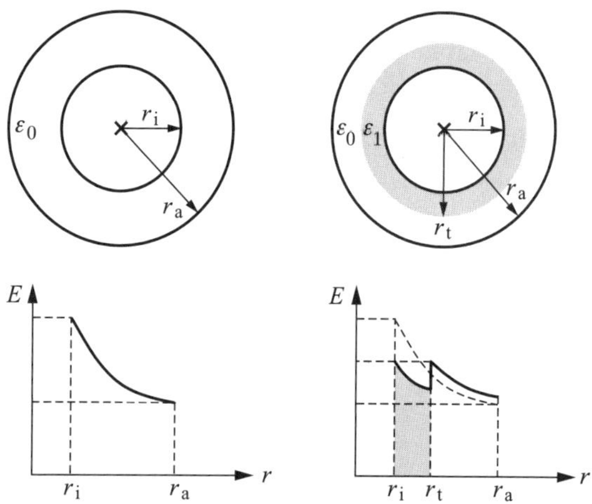

2

Gesteuerte Anordnung

$$C_1 = \frac{2\pi\varepsilon_1 L}{\ln(r_t/r_i)} \qquad C_2 = \frac{2\pi\varepsilon_2 L}{\ln(r_a/r_t)}$$

Einzelkapazitäten

$$C = \frac{C_1 C_2}{C_1 + C_2} = \frac{2\pi\varepsilon_1\varepsilon_2 L}{\varepsilon_2 \ln(r_t/r_i) + \varepsilon_1 \ln(r_a/r_t)}$$

Gesamtkapazität

Flussdichteverlauf *D*(*r*) (springt an der Grenzschicht nicht)

$$D(r) = \frac{Q}{A(r)} = \frac{CU}{2\pi rL} = \frac{\varepsilon_1\varepsilon_2 U/r}{\varepsilon_2 \ln(r_t/r_i) + \varepsilon_1 \ln(r_a/r_t)}$$

Feldstärkeverlauf *E*(*r*) (springt an der Grenzschicht)
Optimierung: $E(r_1) = E(r_t)$

$$E(r) = \frac{\varepsilon_2 U/r}{\varepsilon_2 \ln(r_t/r_i) + \varepsilon_1 \ln(r_a/r_t)} \quad (r_i \le r \le r_t)$$

$$E(r) = \frac{\varepsilon_1 U/r}{\varepsilon_2 \ln(r_t/r_i) + \varepsilon_1 \ln(r_a/r_t)} \quad (r_i \le r \le r_a)$$

C_1, C_2	Schichtkondensatoren
ε_1, ε_2	Permittivitäten
L	Länge
r_i	Innenradius der zylindrischen Anordnung
r_t	Radius der Grenzschicht $\varepsilon_1\varepsilon_2$
r_a	Außenradius der zylindrischen Anordnung

3 Gleichstromkreis

3.1 Definitionen

Bezugspfeile

In Netzwerken wird der Bezugssinn für elektrische Spannungen und Ströme durch Pfeile angegeben. Sie dienen zur korrekten Berücksichtigung in den Gleichungen zur Netzwerkanalyse.

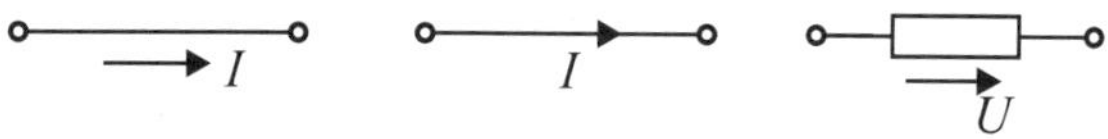

I Strom-Bezugspfeil *U* Spannungs-Bezugspfeil

Nach Lösung des Gleichungssystems ergibt sich ein vorzeichenbehafteter Wert. Bei einem negativen Ergebnis fließt der positive Strom entgegen der angenommenen Pfeilrichtung.

Pfeilsysteme

In einem Netzwerk entsteht an jedem Schaltungselement eine Kombination für die Bezugspfeilrichtungen. Bei gleicher Richtung liegt das Verbraucher-, bei entgegengesetzter Richtung das Erzeuger-Pfeilsystem vor.

Verbraucher-Pfeilsystem Erzeuger-Pfeilsystem

Leistung im Pfeilsystem

$$P = UI$$

I Wert der elektrische Stromstärke
U Wert der elektrischen Spannung

Diese Gleichung gilt für die elektrische Leistung uneingeschränkt. Über den Typ des Pfeilsystems erhält man eine eindeutige physikalische Bedeutung der elektrischen Leistung jedes Schaltungselementes. Es gilt:

Verbraucher-Pfeilsystem	Erzeuger-Pfeilsystem
$P > 0$ Element ist Verbraucher	$P > 0$ Element ist Erzeuger
$P < 0$ Element ist Erzeuger	$P < 0$ Element ist Verbraucher

Zusammenhang von Spannung und Potenzial im Netzwerk

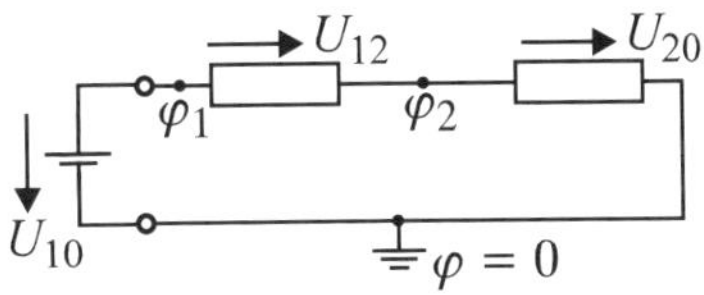

Spannung

$$U_{12} = \varphi_1 - \varphi_2$$

$\varphi_1; \varphi_2$ Potenziale

In einem Netzwerk kann einem Punkt das Potenzial $\varphi = 0$ zugeordnet werden (sichtbar durch das Erdungszeichen, als Bezug die geerdete oder die negativ geladene Elektrode). Die weiteren Netzwerkpunkte haben dazu eine Potenzialdifferenz, die (relative) Spannung.

3.2 Ohm'sches Gesetz

Widerstand

$$R = \frac{U}{I}$$

$$G = \frac{1}{R} \quad I = \frac{U}{R} \quad G = \frac{I}{U} \quad I = GU$$

G	elektrischer Leitwert
I	elektrische Stromstärke
U	elektrische Spannung

Das Ohm'sche Gesetz beinhaltet die Definition eines Widerstandes R mit linearem Zusammenhang zwischen der elektrischen Stromstärke I und der elektrischen Spannung U am Widerstand.

Nichtlineare Widerstände

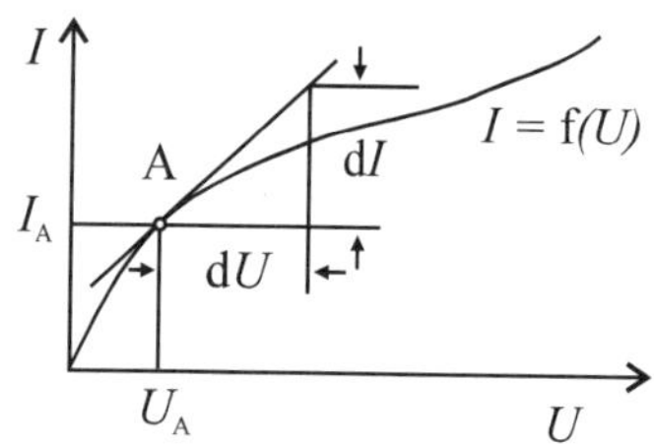

Differenzieller Widerstand

$$r = \frac{dU}{dI}$$

Gleichstromwiderstand

$$R = \frac{U_A}{I_A}$$

I_A	elektrische Stromstärke im Arbeitspunkt A
U_A	elektrische Spannung im Arbeitspunkt A
dI	differenzielle Änderung der elektrischen Stromstärke um den Arbeitspunkt A, gebildet aus einer Tangentenkonstruktion
dU	differenzielle Änderung der elektrischen Spannung

3.3 Kirchhoff'sche Gesetze

Knotensatz

Knoten K Makroknoten M

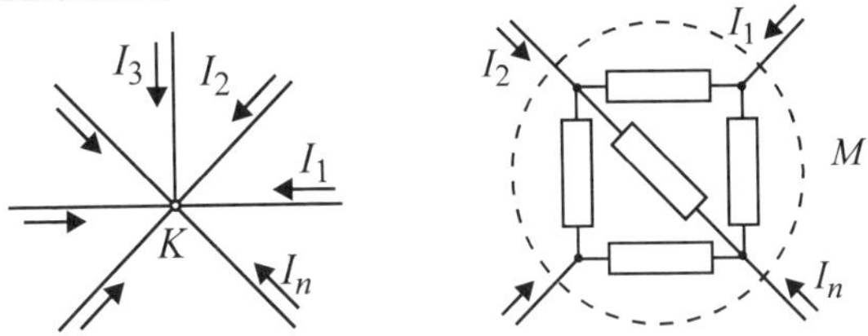

$$\sum_{i=1}^{n} I_i = I_1 + I_2 + \ldots + I_n = 0$$

Die Summe der auf einen Knoten zu- und abfließenden Ströme ist null.

I_i einzelne zu- oder abfließende elektrische Ströme

Maschensatz

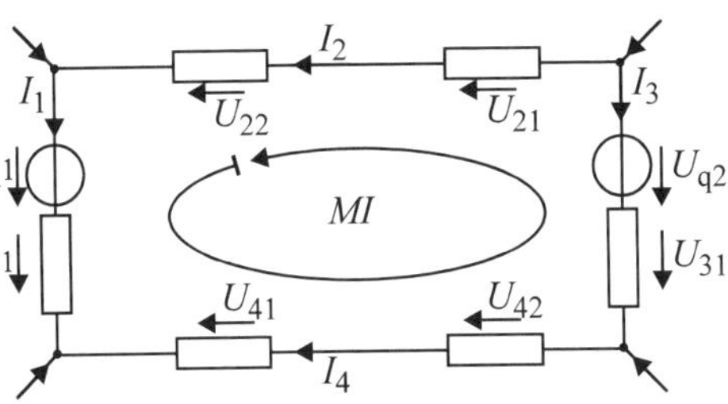

$$\sum_{i=1}^{n} U_i = 0$$

Die Summe aller Spannungsabfälle in einem geschlossenen Maschenumlauf ist null.

U_{qi} Quellenspannungen

U_{ik} strombedingte Spannungsabfälle an Widerständen

Beispiel: Der Maschenumlauf in der Masche MI liefert:

$$U_{q1} + U_{11} - U_{41} - U_{42} - U_{31} - U_{q2} + U_{21} + U_{22} = 0$$

3.4 Quellen und Verbraucher

Ideale Quellen

Spannungsquelle | Stromquelle

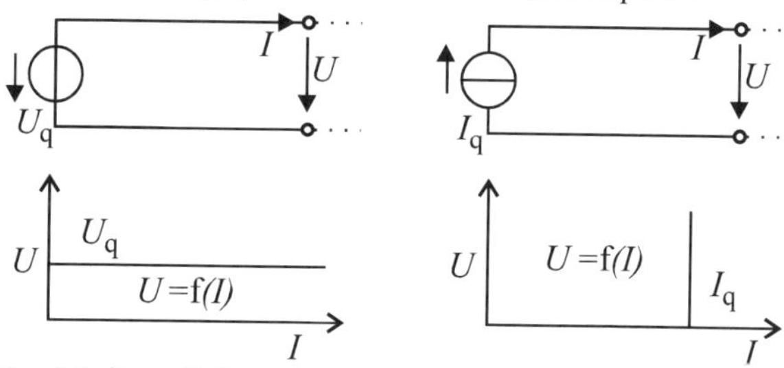

Betriebskennlinie | Betriebskennlinie

$$U = U_q = \text{konst.}$$

$$I = I_q = \text{konst.}$$

I_q Quellenstrom

U Klemmenspannung

U_q Quellenspannung

Eine ideale Spannungsquelle hat keinen Innenwiderstand. Sie zeigt damit bei jeder Belastung die gleiche Klemmenspannung $U = U_q$.

Eine ideale Stromquelle hat einen unendlich großen Innenwiderstand. Sie liefert damit unabhängig von der Belastung den gleichen Strom $I = I_q$.

Reale Spannungsquelle

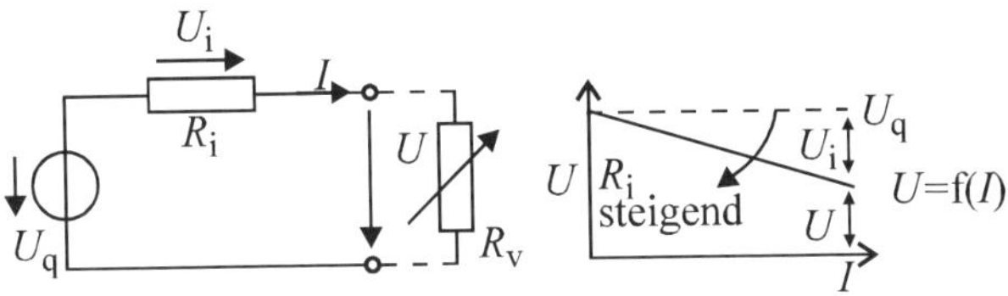

Betriebskennlinie $U = f(I)$

$$U = U_q - IR_i = IR_v$$

$$I = 0 \quad \text{und} \quad U = U_q \quad \text{Leerlauf}$$

$$I = \frac{U_q}{R_i} \quad \text{und} \quad U = 0 \quad \text{Kurzschluss}$$

I	Laststrom
R_i	Innenwiderstand der Spannungsquelle
R_v	variabler Lastwiderstand
U	Klemmenspannung
U_i	innerer Spannungsabfall am Innenwiderstand
U_q	Quellenspannung

Eine reale Spannungsquelle hat in Reihe zur Quellenspannung U_q einen endlichen Innenwiderstand R_i und eine lastabhängige Klemmenspannung U.

Reale Stromquelle

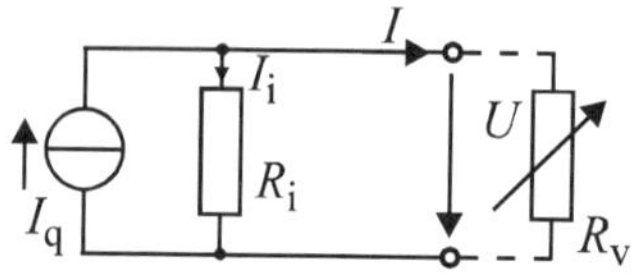

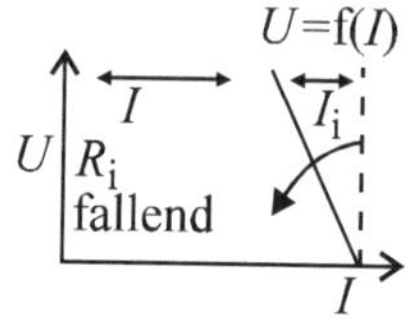

Betriebskennlinie $U = \mathrm{f}(I)$

$$U = IR_\mathrm{v} = (I_\mathrm{q} - I_\mathrm{i})R_\mathrm{v} = I_\mathrm{i}R_\mathrm{i}$$

$I = 0$	und	$U = I_\mathrm{q}R_\mathrm{i}$	Leerlauf
$I = I_\mathrm{q}$	und	$U = 0$	Kurzschluss

I	Laststrom
I_i	innerer Ableitstrom
I_q	Quellenstrom
R_i	Innenwiderstand der Stromquelle
R_v	variabler Lastwiderstand
U	Klemmenspannung

Eine reale Stromquelle hat parallel zum Quellenstrom I_q einen endlichen Innenwiderstand R_i. Sie zeigt damit eine belastungsabhängige Klemmenspannung U.

Leistungsanpassung

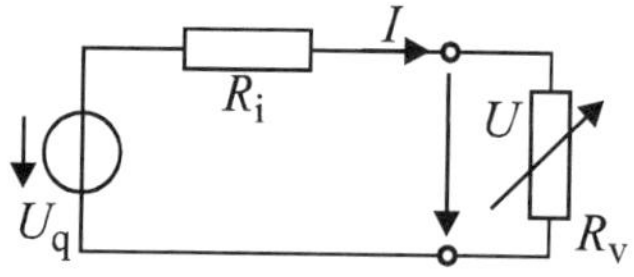

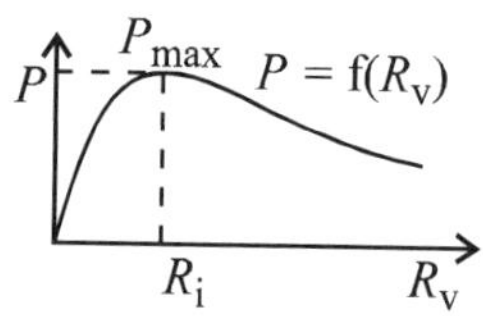

Lastwiderstand für maximale Leistungsabgabe

$$R_\mathrm{v} = R_\mathrm{i}$$

Maximale Klemmenleistung

$$P_\mathrm{max} = \frac{U_\mathrm{q}^2}{4R_\mathrm{i}}$$

R_i Innenwiderstand der Spannungsquelle
U_q Quellenspannung

Im Zustand der Leistungsanpassung ($R_\mathrm{v} = R_\mathrm{i}$) wird einer realen Quelle die maximale Leistung P_max entnommen. Der Wirkungsgrad beträgt dabei 50 %.

Wirkungsgrad

$$\eta = \frac{P_\mathrm{nutz}}{P_\mathrm{ges}} = \frac{P_\mathrm{nutz}}{P_\mathrm{nutz} + P_\mathrm{v}} = \frac{R_\mathrm{v}}{R_\mathrm{v} + R_\mathrm{i}}$$

P_nutz elektrische Nutzleistung
P_ges gesamte elektrische Leistung
P_v Verlustleistung

3.5 Widerstandsnetzwerke

Reihenschaltung von Widerständen

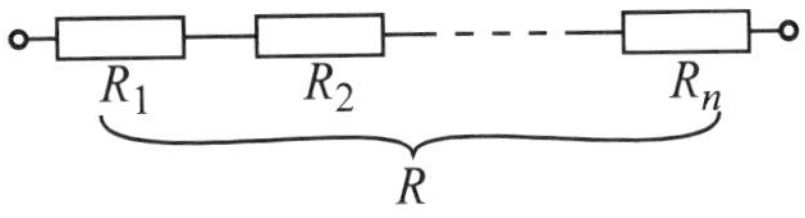

Gesamtwiderstand

$$R = \sum_{i=1}^{n} R_i = R_1 + R_2 + \ldots + R_n$$

In der Reihenschaltung von Widerständen addieren sich die Einzelwiderstände R_i zum Gesamtwiderstand R.

Parallelschaltung von Widerständen

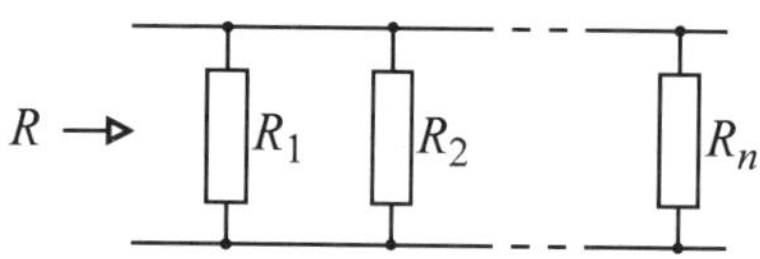

Gesamtleitwert

$$G = \sum_{i=1}^{n} G_i = \frac{1}{R} = \sum_{i=1}^{n} \frac{1}{R_i} = \frac{1}{R_1} + \frac{1}{R_2} + \ldots + \frac{1}{R_n}$$

In der Parallelschaltung addieren sich die Leitwerte G_i (Kehrwerte der Einzelwiderstände R_i) zum Gesamtleitwert G.

Zwei parallele Widerstände

$$R = R_1 \,//\, R_2 = \frac{R_1 R_2}{R_1 + R_2}$$

$R_1 \,//\, R_2$ Kurzschreibweise für zwei parallele Widerstände

Stern-Dreieck-Umwandlungen

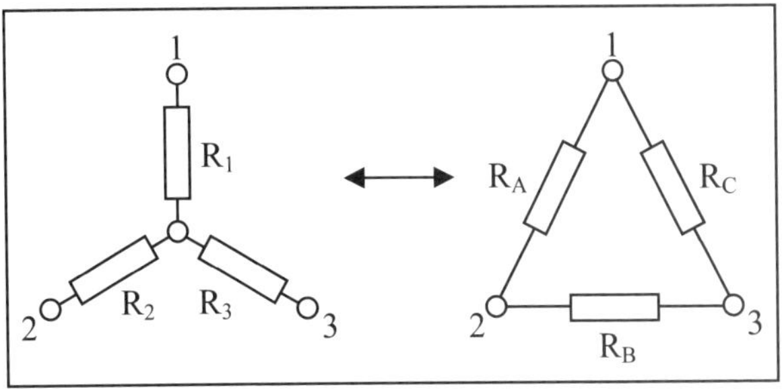

Dreieck in Stern

$$R_1 = \frac{R_A R_C}{R_A + R_B + R_C}$$

$$R_2 = \frac{R_A R_B}{R_A + R_B + R_C}$$

$$R_3 = \frac{R_B R_C}{R_A + R_B + R_C}$$

Stern in Dreieck

$$R_A = \frac{R_1 R_2 + R_1 R_3 + R_2 R_3}{R_3}$$

$$R_B = \frac{R_1 R_2 + R_1 R_3 + R_2 R_3}{R_1}$$

$$R_C = \frac{R_1 R_2 + R_1 R_3 + R_2 R_3}{R_2}$$

Die so umgewandelten Schaltungen sind äquivalent, d.h., sie besitzen gleiches Klemmenverhalten.

3.6 Strom- und Spannungsteilerregeln

Stromteilerregel

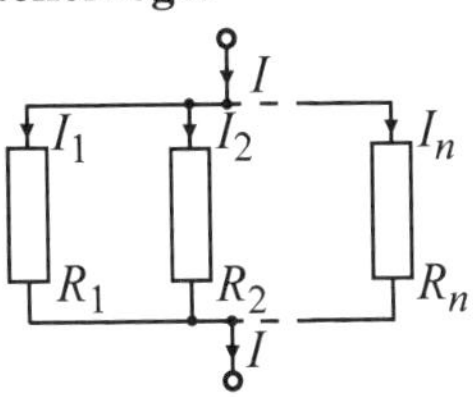

allgemeine Form

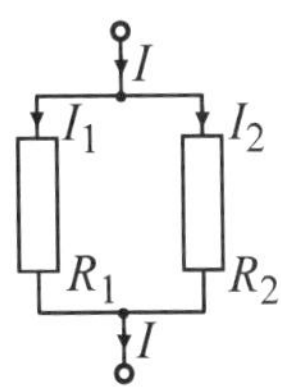

zwei parallele Strompfade

allgemeine Form

$$I_i = I\frac{R_\mathrm{p}}{R_i} = \frac{G_i}{\Sigma G_i}$$

zwei parallele Strompfade

$$I_1 = I\frac{R_2}{R_1 + R_2} = I\frac{G_1}{G_1 + G_2}$$

$$I_2 = I\frac{R_1}{R_1 + R_2} = I\frac{G_2}{G_1 + G_2}$$

R_1; R_2 ; R_i Einzelwiderstände

R_p Gesamtwiderstand der Parallelschaltung

I_i Einzelströme

I Gesamtstrom

Spannungsteilerregel

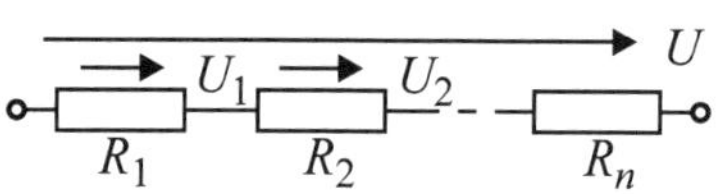

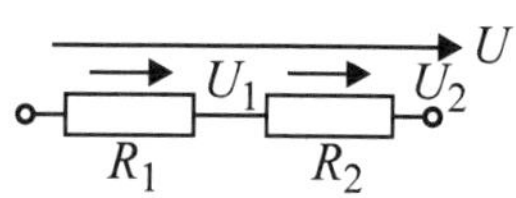

allgemeine Form

$$U_i = U\frac{R_i}{R_\mathrm{R}}$$

zwei Widerstände in Reihe

$$U_1 = U\frac{R_1}{R_1 + R_2}$$

$$U_2 = U\frac{R_2}{R_1 + R_2}$$

R_1; R_2 ; R_i Einzelwiderstände

R_R Gesamtwiderstand der Reihenschaltung

U_i Einzelspannungen

U Gesamtspannung

3.7 Leistung und Arbeit

Elektrische Leistung

$p(t) = u(t)\,i(t)$	zeitabhängige Größen
$P = UI$	zeitunabhängige Größen

$i(t)$ zeitabhängige elektrische Stromstärke
I Gleichstrom
$u(t)$ zeitabhängige elektrische Spannung
U Gleichspannung

Elektrische Arbeit

$w(t) = \int u(t)\,i(t)\,\mathrm{d}t$	zeitabhängige Größen
$W = UIt$	zeitunabhängige Größen

t Zeitdauer

Zusammenhänge zwischen Leistung und Arbeit

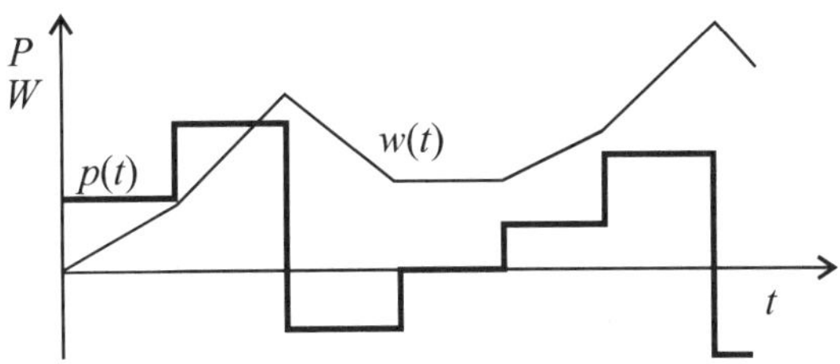

$w(t) = \int p(t)\,\mathrm{d}t$	zeitabhängige Größen
$p(t) = \dfrac{\mathrm{d}w(t)}{\mathrm{d}t}$	zeitabhängige Größen

$W = Pt$	zeitunabhängige Größen
$P = \dfrac{W}{t}$	zeitunabhängige Größen

3.8 Verfahren zur Netzwerkanalyse

Innenwiderstand eines aktiven Netzwerks

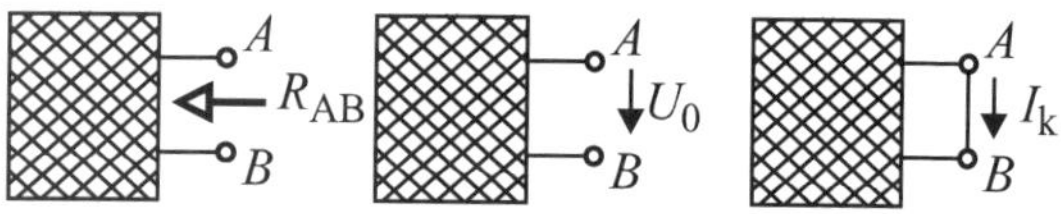

$$R_{AB} = \frac{U_0}{I_k}$$

U_0 Leerlaufspannung der Klemmen *A*, *B*

I_k Kurzschlussstrom der Klemmen *A*, *B*

Der Innenwiderstand eines aktiven Netzwerks bezüglich eines Klemmenpaars kann durch Messung (oder Berechnung) der Leerlaufspannung und des Kurzschlussstromes bestimmt werden.

Regeln zur Ermittlung des Innenwiderstandes eines Netzwerks aus dem Ersatzschaltbild

- Durchlauf aller Strompfade von Klemme *A* bis *B* mit Berücksichtigung aller Widerstände elementar in ihrer Zusammenschaltung.
- Spannungsquellen sind unwirksam (werden kurzgeschlossen).
- Stromquellen sind unwirksam (werden geöffnet).

Beispiel

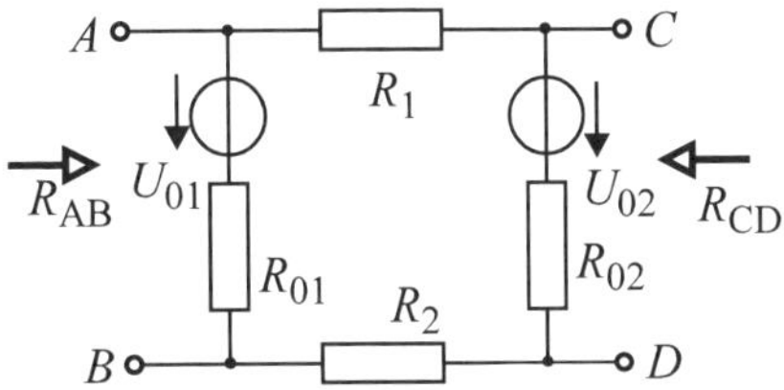

$$R_{AB} = R_{01} \,//\, (R_1 + R_{02} + R_2) = \frac{R_{01}(R_1 + R_{02} + R_2)}{R_{01} + R_1 + R_{02} + R_2}$$

$$R_{CD} = R_{02} \,//\, (R_1 + R_{01} + R_2) = \frac{R_{02}(R_1 + R_{01} + R_2)}{R_{02} + R_1 + R_{01} + R_2}$$

Ersatzquellen

Ein Netzwerk kann bezüglich seines Klemmenverhaltens durch eine Ersatzquelle (Strom- oder Spannungsquelle) nachgebildet werden.

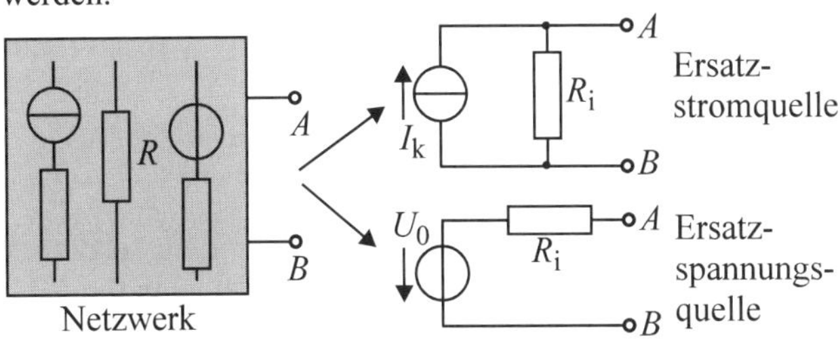

$$R_i = \frac{U_0}{I_k}$$

U_0 Leerlaufspannung des Originalnetzwerks und Quellenspannung der Ersatzspannungsquelle

I_k Kurzschlussstrom des Originalnetzwerks und Quellenstrom in der Ersatzstromquelle

R_i Innenwiderstand des Originalnetzwerks und Innenwiderstand bcider Ersatzquellen

Originalnetzwerk, Ersatzstrom- und Ersatzspannungsquelle sind äquivalente Schaltungen, d.h., sie besitzen gleiches Klemmenverhalten. Man beachte die Richtungen der Bezugspfeile der Quellen.

Beispiel

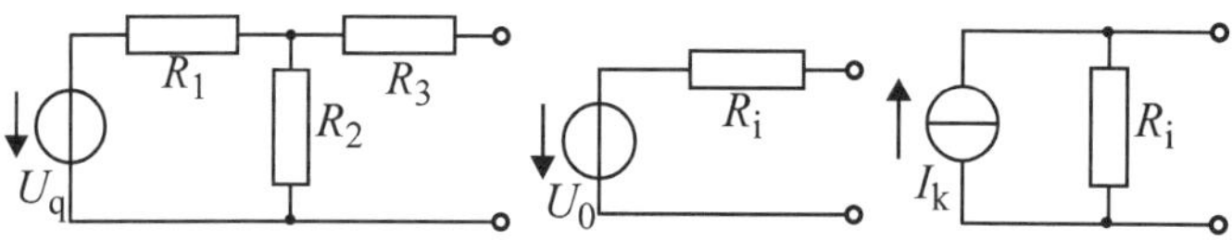

$$R_i = R_3 + \frac{R_1 R_2}{R_1 + R_2} \qquad U_0 = \frac{U_q R_2}{R_1 + R_2} \qquad I_k = \frac{U_0}{R_i}$$

Netzwerk — Ersatzspannungsquelle — Ersatzstromquelle

Superpositionsprinzip (Überlagerungsverfahren)

Wirken mehrere Quellen, so wird unter den Voraussetzungen der Linearität und Rückwirkungsfreiheit der Elemente die Wirkung jeder Quelle einzeln auf das passive Netzwerk berechnet und zur Gesamtlösung überlagert. Die anderen Quellen sind bei der Betrachtung unwirksam: Spannungsquellen kurzgeschlossen, Stromquellen geöffnet. Die Superposition ist erlaubt für lineare Zusammenhänge, wie Ströme und Spannungen, dagegen nicht für Leistungen und nicht bei Arbeitspunkt-abhängigen Widerständen.

Beispiel

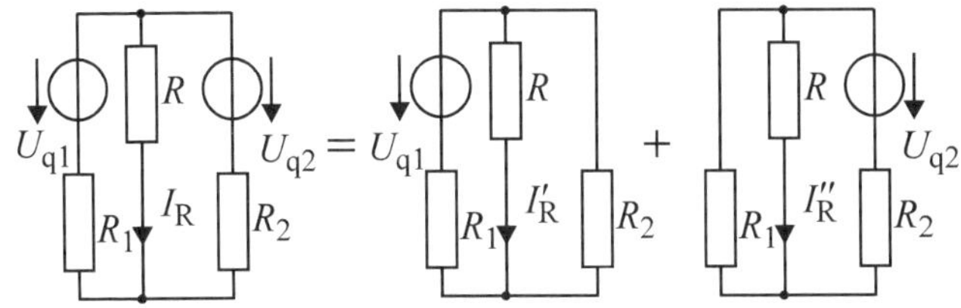

Originalnetzwerk Netzwerk 1 Netzwerk 2

U_{q1} und U_{q2} sind rückwirkungsfreie Quellen (beeinflussen sich gegenseitig nicht), und die Widerstände haben lineares Verhalten. Es gilt:

$$I_R = I'_R + I''_R$$

$$I_R = \frac{U_{q1}R_2 + U_{q2}R_1}{R_1 R + R_1 R_2 + R R_2}$$

I_R gesuchter Strom im Originalnetzwerk

I'_R Strom im Netzwerk 1 mit nur der Quelle U_{q1}

I''_R Strom im Netzwerk 2 mit nur der Quelle U_{q2}

Topologische Begriffe in der Netzwerkanalyse

Knoten sind Endpunkte von Zweigen

Zweige verbinden die Knoten einer Schaltung

k Knotenzahl

z Zweigzahl (Anzahl unbekannter Zweigströme)

Ein Netzwerk besitzt abstrahiert von den Elementen eine topologische Struktur. Die Struktur wird durch Knoten und Zweige beschrieben.

Maschenumläufe sind geschlossene Umläufe über Zweige. Man wähle diese entsprechend der „Fenster“ der Schaltung.

Beispiel

Netzwerk

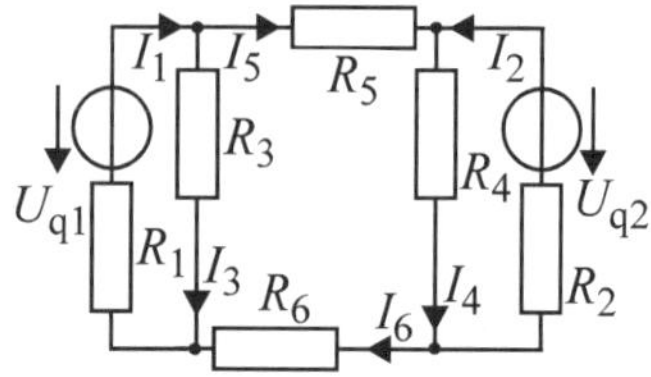

Topologische Struktur

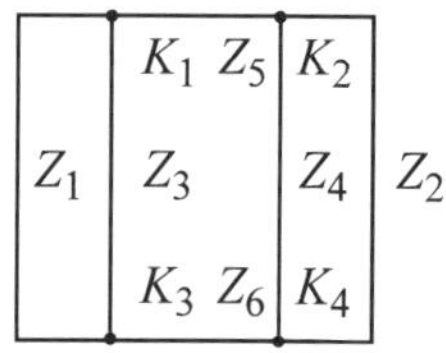

Das Schaltungsbeispiel enthält $k = 4$ Knoten und $z = 6$ Zweige.

Kirchhoff-Methode zur Netzwerkberechnung

Netzwerk

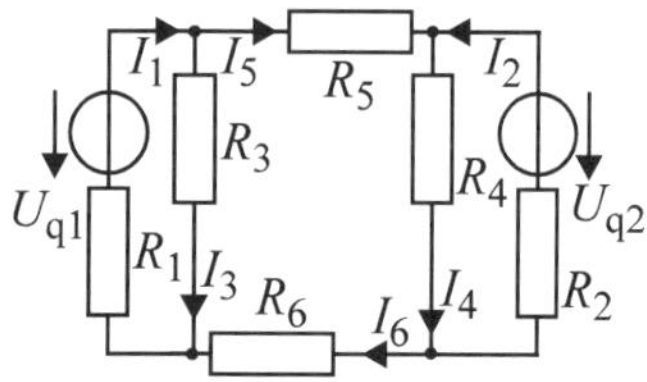

Topologische Struktur

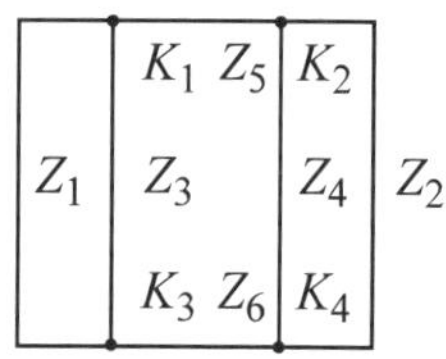

Vorgehensweise:	Schaltungsbeispiel
1. topologische Analyse durchführen, hierbei k und z bestimmen. Es sind z unabhängige Gleichungen für eine Lösung zu formulieren.	$k = 4$ $z = 6$
2. $k - 1$ Strombilanzen an den Knoten aufstellen. Beispiel K_1:	$k - 1 = 3$ $I_1 - I_3 - I_5 = 0$
3. $m = z - (k - 1)$ Maschenbilanzen aufstellen. Beispiel linke Masche:	$m = 3$ (3 Fenster) $U_{q1} - I_1 R_1 - I_3 R_3 = 0$
4. Lösung des Gleichungssystems	

k Anzahl der Knoten
K_1; K_2 ... Knoten

m Anzahl der Maschengleichungen
z Anzahl der Zweigströme
Z_1; Z_2 ... Zweige

Maschenstromverfahren

3

Das Maschenstromverfahren berechnet ein Netzwerk matrizenorientiert, formalisiert und rechnergeeignet durch Lösung eines linearen Gleichungssystems vom Typ:

$$\boldsymbol{A} \cdot \boldsymbol{M} = \boldsymbol{U}$$
$$(a_{i,j}) \cdot (m_j) = (u_i)$$

i Zeilenindex
j Spaltenindex
$\boldsymbol{A}$ Koeffizientenmatrix (aus bekannten Widerständen)
$\boldsymbol{M}$ Spaltenvektor der fiktiven Maschenströme (unbekannt)
$\boldsymbol{U}$ Spaltenvektor der Quellenspannungen (bekannt)

Vorgehensweise

1. Quellenströme in Quellenspannungen umwandeln.
2. Festlegung von Maschen, Umlaufsinn und Maschenströmen
3. Formales Aufstellen des Gleichungssystems (Matrizenform)
   $a_{i,i}$ positive Widerstandssumme der Masche i
   $a_{i,j}$ ($i \neq j$) Koppelwiderstände (gemeinsame Widerstände) der Maschen i und j mit folgendem Vorzeichen:
   – positiv, wenn gleicher Umlaufsinn
   – negativ, wenn ungleicher Umlaufsinn
   – null, wenn kein gemeinsamer Widerstand

u_i Quellenspannungen einer Masche mit folgendem Vorzeichen:

– positiv, wenn gegen den Umlaufsinn orientiert
– negativ, wenn im Umlaufsinn orientiert
– null, wenn keine Quelle vorhanden.

Die Matrix $\boldsymbol{A}$ ist symmetrisch zur Hauptdiagonalen.

4. Lösung des Gleichungssystems für die fiktiven Maschenströme
5. Ermittlung realer Ströme aus den fiktiven Maschenströmen aus der Zuordnung der Zweigströme und Maschenströme.

Beispiel zum Maschenstromverfahren

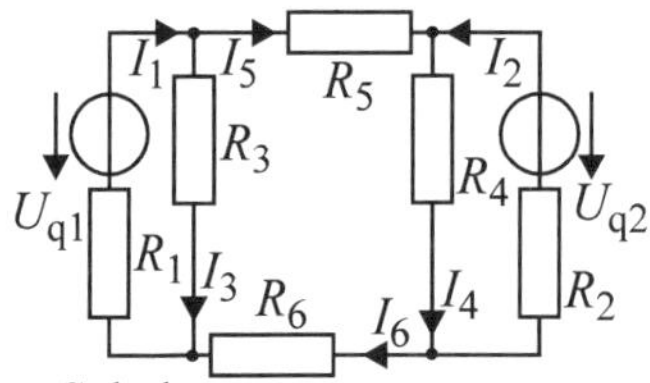

Schaltung

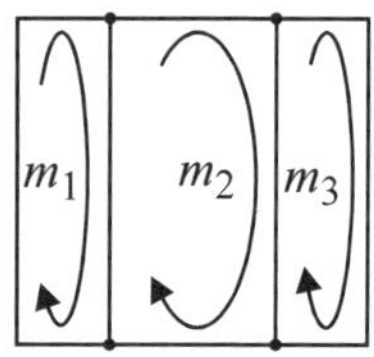

Fiktive Maschenströme

Das formale Aufstellen des Gleichungssystems (Matrizenform) liefert eine (3×3)-Matrix:

$$\begin{bmatrix} R_1 + R_3 & -R_3 & 0 \\ -R_3 & R_3 + R_4 + R_5 + R_6 & -R_4 \\ 0 & -R_4 & R_2 + R_4 \end{bmatrix} \cdot \begin{bmatrix} m_1 \\ m_2 \\ m_3 \end{bmatrix} = \begin{bmatrix} U_{q1} \\ 0 \\ -U_{q2} \end{bmatrix}$$

Nach Lösung, z.B. mit dem Gauß-Eliminationsverfahren, sind die fiktiven Maschenströme bekannt. Die realen Zweigströme erhält man aus einem Vergleich. Im Beispiel gilt folgender Zusammenhang:

$I_1 = m_1$ $\quad I_2 = -m_3$ $\quad I_3 = m_1 - m_2$

$I_4 = m_2 - m_3$ $\quad I_5 = m_2$ $\quad I_6 = m_2$

Knotenspannungsverfahren

Ein Bezugsknoten des Netzwerks erhält das Potenzial $\varphi = 0$, und die Potenziale der übrigen Knoten werden hierauf bezogen berechnet. Das Verfahren berechnet das Netzwerk matrizenorientiert, formalisiert durch Lösung eines linearen Gleichungssystems vom Typ

$$\boldsymbol{A} \cdot \boldsymbol{U} = \boldsymbol{I}$$
$$(a_{i,j}) \cdot (u_j) = (i_i)$$

i	Zeilenindex
j	Spaltenindex
$\boldsymbol{A}$	Koeffizientenmatrix (aus bekannten Leitwerten)
$\boldsymbol{U}$	Spaltenvektor der Knotenpotenziale (unbekannt)
$\boldsymbol{I}$	Spaltenvektor der Quellenströme (bekannt)

Vorgehensweise

1. Quellenspannungen in Quellenströme umwandeln und Widerstände in Leitwerte umrechnen.
2. Festlegung eines Bezugsknotens mit $\varphi = 0$ und der Bezugspfeile der anderen Spannungen relativ zum Bezugsknoten (Potenzialdifferenzen).
3. Formale Aufstellung der Matrizenelemente
   - $a_{i,i}$ positive Summe aller Leitwerte direkt am Knoten i
   - $a_{i,j}$ $(i \neq j)$ Koppelleitwerte (Leitwerte zwischen zwei Knoten)
     - Vorzeichen immer negativ
     - null, wenn keine direkte Knotenverbindung

	i_i	Stromquellen direkt am Knoten i – Vorzeichen negativ, wenn vom Knoten abfließend – Vorzeichen positiv, wenn zum Knoten fließend – null, wenn keine Quelle vorhanden.
	Die Matrix $\boldsymbol{A}$ ist symmetrisch zur Hauptdiagonalen.	
4.	Lösung des Gleichungssystems für die relativen Spannungen (Potenzialdifferenzen)	
5.	Ermittlung der Zweigströme.	

Beispiel zum Knotenspannungsverfahren

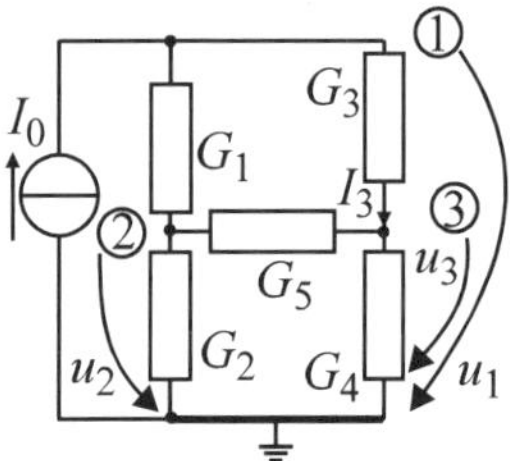

$\varphi = 0$ (Bezugsknoten)

Das formale Aufstellen des Gleichungssystems (Matrizenform) liefert eine (3×3)-Matrix für 3 unbekannte Knotenspannungen:

$$\begin{bmatrix} G_1 + G_3 & -G_1 & -G_3 \\ -G_1 & G_1 + G_2 + G_5 & -G_5 \\ -G_3 & -G_5 & G_3 + G_4 + G_5 \end{bmatrix} \cdot \begin{bmatrix} u_1 \\ u_2 \\ u_3 \end{bmatrix} = \begin{bmatrix} +I_0 \\ 0 \\ 0 \end{bmatrix}$$

Nach Lösung zum Beispiel mit dem Gauß-Eliminationsverfahren sind die Ströme über die Potenzialdifferenzen und Leitwerte leicht ermittelbar.

Beispiel: $I_3 = (u_1 - u_3)\, G_3$

4 Magnetisches Feld

4.1 Definitionen und Feldeigenschaften

Ursachen und Eigenschaften

Magnete und bewegte elektrische Ladungen erzeugen ein magnetisches Feld. Das magnetische Feld ist ein Wirbelfeld. Die magnetischen Feldstärkelinien *H* treten bei einem Permanentmagneten aus dem Nordpol aus. Nordpole ziehen Südpole an und umgekehrt.

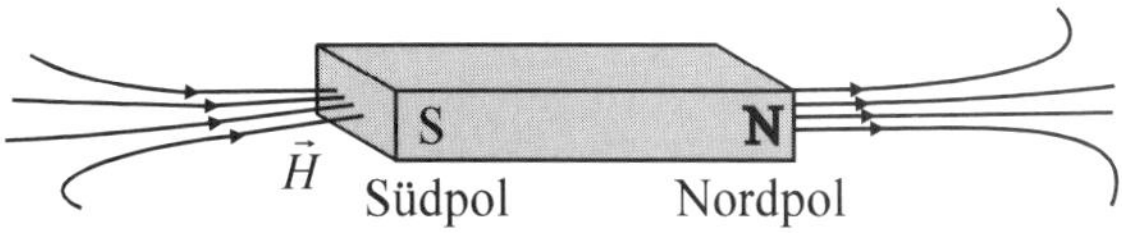

Rechtsschraubenregel

Für viele Richtungsbezüge der Feldgrößen gilt die Rechtsschraubenregel, auch Korkenzieherregel genannt. Beispielsweise sind bewegte Ladungen $(+Q, \vec{v})$ und auch der elektrische Strom mit ihrem Magnetfeld über die Rechtsschraubenregel verknüpft.

Dreht man eine Schraube in Richtung der Ladungsträgergeschwindigkeit (oder des elektrischen Stromes), muss man sie rechtsherum drehen. Die gleiche Drehrichtung hat das zugehörige Magnetfeld.

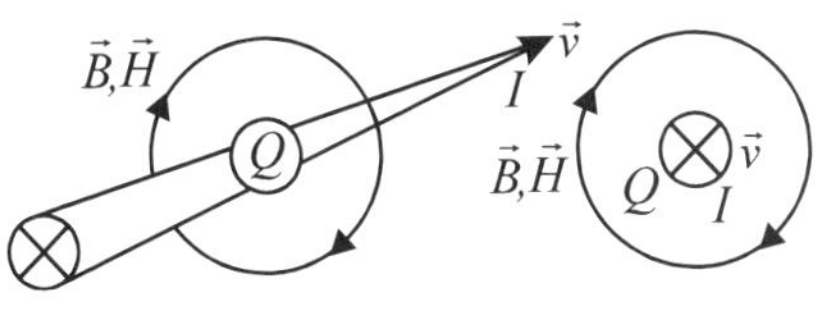

$\vec{B}$ Vektor der magnetischen Flussdichte
$\vec{H}$ Vektor der magnetischen Feldstärke

Q	elektrische Ladung
$\vec{v}$	Vektor der Geschwindigkeit

4.2 Magnetische Feldstärke

Magnetische Feldstärke bewegter elektrischer Ladungen (Gesetz von Biot-Savart, homogene Feldräume)

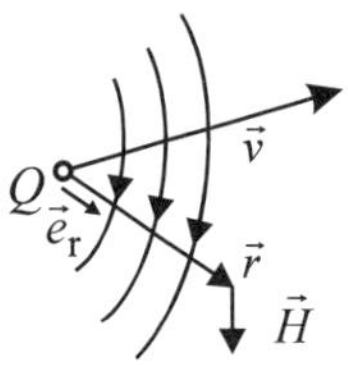

$$\vec{H} = \frac{Q}{4\pi r^2}(\vec{v} \times \vec{e}_r)$$

Q	elektrische Ladung
r	Entfernung Ladung – Punkt
$\vec{v}$	Vektor der Geschwindigkeit
$\vec{e}_r$	Einheitsvektor zu r (Richtungsvektor; $\lvert\vec{e}_r\rvert = 1$)

Das Gesetz von Biot-Savart gibt in jedem Raumpunkt die magnetische Feldstärke $\vec{H}$ an, die durch eine bewegte elektrische Ladung Q entsteht.

Magnetische Feldstärke eines langen stromführenden Leiters

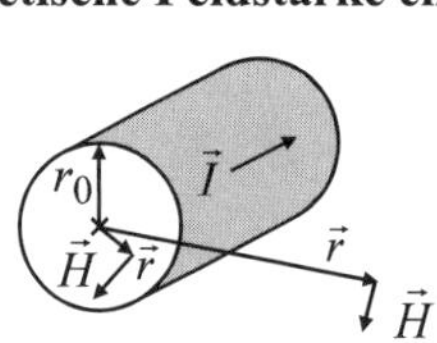

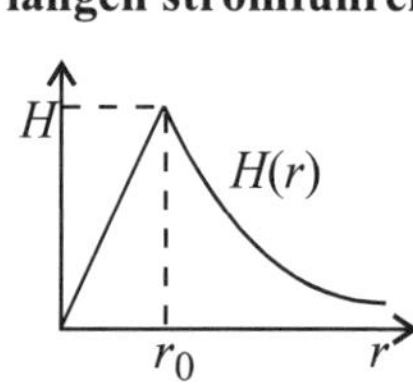

$$H(r) = \frac{Ir}{2\pi r_0^2} \quad r \le r_0 \quad \text{(innerhalb des Leiters)}$$

$$H(r) = \frac{I}{2\pi r} \quad r \ge r_0 \quad \text{(außerhalb des Leiters)}$$

I elektrische Stromstärke
r variable Entfernung vom Leiterzentrum
r_0 Leiterradius

4

4.3 Durchflutungssatz

Allgemeine Form

$$\oint_s \vec{H}\,\mathrm{d}\vec{s} = \oint_s H \cos\alpha \,\mathrm{d}s = \Theta$$

$\vec{H}, H$ Vektor der magnetischen Feldstärke, Betrag
$\vec{s}, \mathrm{d}\vec{s}$ Wegvektor, Wegelementvektor
α Winkel zwischen Wegvektor und Feldstärkevektor
Θ Durchflutung

Das Integral der magnetischen Feldstärke $\vec{H}$ über einen geschlossenen (z.B. kreisförmigen) Weg $\vec{s}$ ist gleich der vom Weg umschlossenen Durchflutung (elektrische Stromstärke durch die aufgespannte Fläche). Man beachte die Rechtsschraubenzuordnung zwischen Weg und Richtung der Durchflutung.

Durchflutungssatz bei einem konzentrierten stromführenden Leiter und einem kreisförmigen Weg

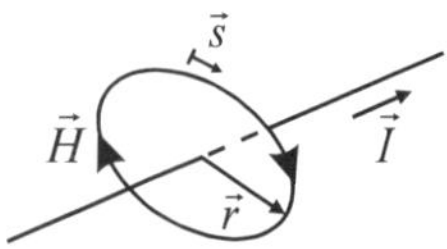

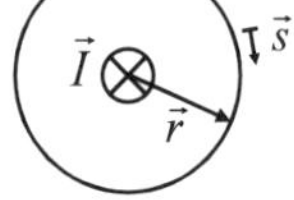

$$\oint_s \vec{H}\,\mathrm{d}\vec{s} = H\,2\pi r = I = \Theta$$

$\vec{H}; H$	Vektor der magnetischen Feldstärke; Betrag
$\vec{s}$	Vektor des Integrationsweges (geschlossener Umlauf)
$\mathrm{d}\vec{s}$	Wegelementvektor des Weges $\vec{s}$
r	Radius vom Leiterzentrum
I	elektrische Stromstärke
Θ	Durchflutung

Durchflutungssatz bei mehreren stromführenden Leitern

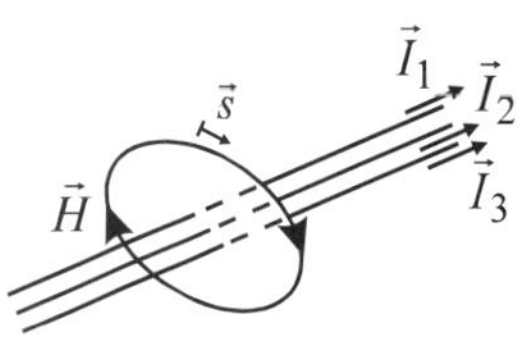

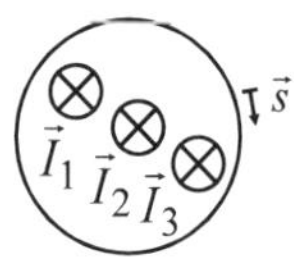

$$\oint_s \vec{H}\,\mathrm{d}\vec{s} = I_1 + I_2 + I_3 = \Theta$$

I_i	elektrische Stromstärken ($i = 1, 2, 3$)
Θ	Durchflutung

Durchflutungssatz bei bekannter Stromdichte eines Leiters

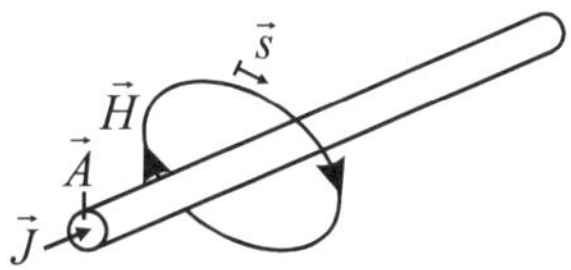

$$\oint_s \vec{H}\,\mathrm{d}\vec{s} = \int_A \vec{J}\,\mathrm{d}\vec{A} = \Theta$$

$\vec{A}$ Vektor der Leiterquerschnittsfläche
$\vec{H}$ Vektor der magnetischen Feldstärke
$\vec{s}$ Vektor des Integrationsweges (geschlossener Umlauf)
$\mathrm{d}\vec{s}$ Wegelementvektor des Weges $\vec{s}$
$\vec{J}$ Vektor der elektrischen Stromdichte
Θ Durchflutung

Zu weiteren Formen des Durchflutungssatzes siehe Abschn. 6.2.

4.4 Magnetische Flussdichte und magnetischer Fluss

Magnetische Flussdichte (früher: Induktion)

$$\vec{B} = \mu_r \mu_0 \vec{H} (+\vec{B}_0)$$

$\vec{B}_0$ Vektor der magnetischen Flussdichte vor der Magnetisierung
$\vec{H}$ Vektor der magnetischen Feldstärke
μ_r Permeabilitätszahl
μ_0 magnetische Feldkonstante

Magnetischer Fluss

	allgemeine Form
$$\Phi = \int_A \vec{B}\,\mathrm{d}\vec{A} = \int_A B\,\mathrm{d}A\cos\alpha$$	
$$\Phi = \vec{B}\vec{A} = BA$$	Sonderfall für ein homogenes Magnetfeld senkrecht zur Fläche A

$\vec{A}$ Normalenvektor der Fläche A, die der Fluss durchsetzt

$\mathrm{d}\vec{A}$ Normalenvektor der differenziellen Fläche $\mathrm{d}A$

$\vec{B}$ magnetische Flussdichte

α Winkel zwischen der Flussdichte und dem Normalenvektor

4.5 Magnetfeld und Materie

Permeabilität

$$\mu = \frac{\vec{B}}{\vec{H}} \qquad \mu = \frac{B}{H}$$

$$\mu = \mu_r \mu_0$$

$\vec{B}; B$ Vektor der magnetischen Flussdichte; Betrag

$\vec{H}; H$ Vektor der magnetische Feldstärke; Betrag

μ Permeabilität

μ_r Permeabilitätszahl

μ_0 magnetische Feldkonstante

Die Permeabilität ist das Verhältnis der magnetischen Flussdichte B zur magnetischen Feldstärke in Materie. Bezug ist die absolute

Permeabilität μ_0 (magnetische Feldkonstante des Vakuums). Die Permeabilität eines Stoffes wird durch die relative Permeabilitätszahl μ_r beschrieben.

Magnetische Stoffeigenschaften

Stoff	Eigenschaft	Verhalten	Technik
Cu, Si	diamagnetisch	$\mu_r < 1$ verdrängt Magnetfeld	ohne Anwendung
Al, Pt	paramagnetisch	$\mu_r > 1$ verstärkt Magnetfeld	ohne Anwendung
FeO_2	antiferromagnetisch	$\mu_r = 1$, neutral	ohne Anwendung
Fe	ferromagnetisch	$\mu_r \gg 1$ stark magnetisch sättigungsbehaftet	Transformatoren, elektrische Maschinen
Ferrite (FeO)	ferrimagnetisch	$\mu_r \gg 1$ permanentmagnetisch	Permanentmagnete

4

Magnetische Feldstärke in einer Eisenkernspule

(Fläche konstant)

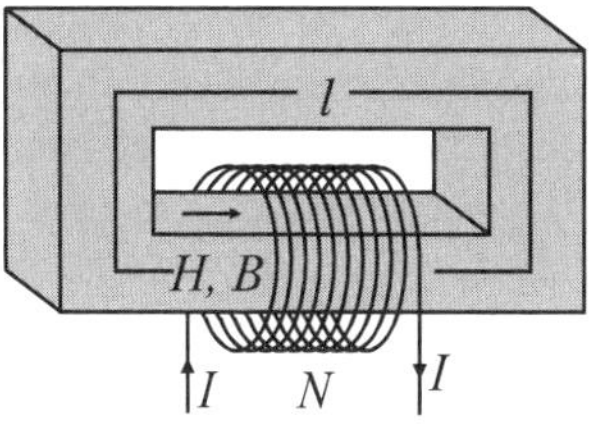

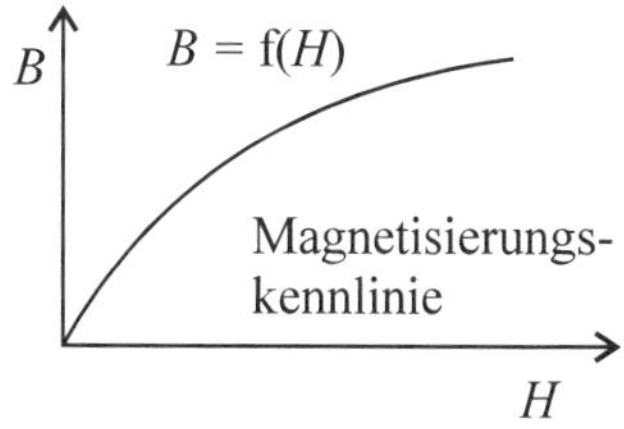

$H = \frac{NI}{l} = \frac{\Theta}{l}$	
$\mu = \mathrm{d}B/\mathrm{d}H$	arbeitspunktabhängige Permeabilität
$B = \mathrm{f}(H)$	aus der Magnetisierungskennlinie

I elektrische Stromstärke
l Länge des Eisenkerns
N Windungszahl
Θ Durchflutung

Die magnetische Feldstärke H eines Eisenkreises entsteht aus der Durchflutung Θ und der Eisenkreislänge l.

Sättigung und Hystereseschleife

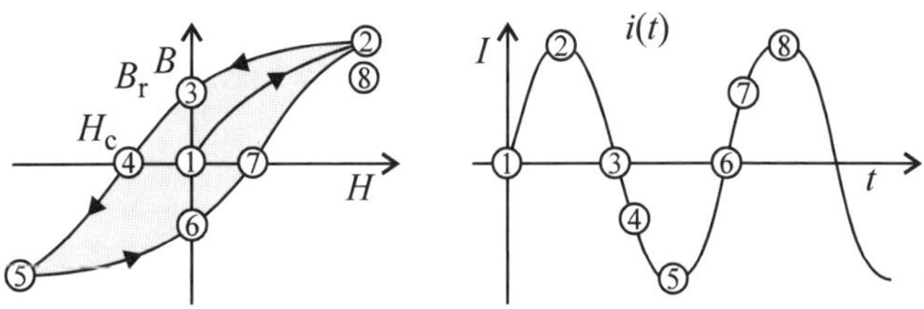

Bei einem periodischen elektrischen Strom $i(t)$ durchlaufen ferromagnetische Stoffe zunächst die Neukurve (1) bis (2). Der Sättigungseffekt ist an dem sinkenden Zuwachs an Flussdichte B für gleiche Feldstärkeänderungen H erkennbar. Beim Strom null (3) verbleibt eine remanente Flussdichte B_r, die erst durch einen negativen Strom mit der Koerzitivfeldstärke H_c so ausgeglichen wird, dass die Flussdichte null wird. Bei Vergrößerung des negativen Stroms entsteht ein entsprechender Sättigungseffekt in entgegengesetzter Flussrichtung. Der periodische Verlauf (5 bis 8) erzeugt die Hystereseschleife.

4.6 Kräfte und Energie im Magnetfeld

Kraft auf eine bewegte elektrische Ladung (Lorentz-Kraft)

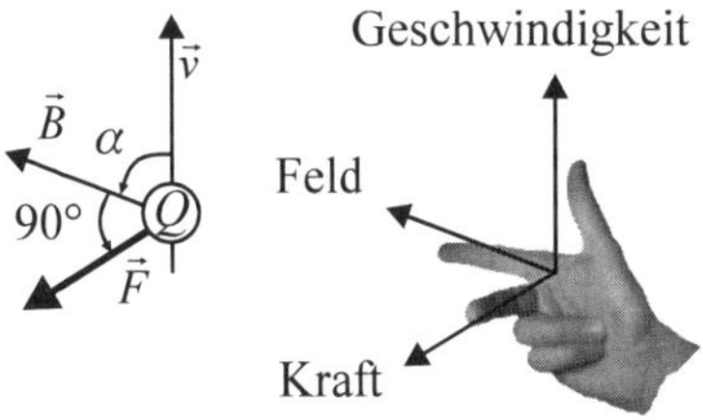

$$\vec{F} = Q(\vec{v} \times \vec{B}) = QvB\sin\alpha$$

$\vec{B}; B$	Vektor der magnetischen Flussdichte; Betrag
Q	elektrische Ladung
$\vec{v}; v$	Vektor der Geschwindigkeit; Betrag
$\vec{v} \times \vec{B}$	Vektorprodukt der Vektoren $\vec{v}$ und $\vec{B}$
α	Winkel zwischen den Vektoren $\vec{v}$ und $\vec{B}$

Der Kraftvektor $\vec{F}$ steht senkrecht auf der von $\vec{v}$ und $\vec{B}$ aufgespannten Ebene. Die Richtung von $\vec{F}$ entsteht im Rechtsschraubensinn.

Kreisbahnradius eines geladenen Masseteilchens im Magnetfeld

$$r = \frac{mv}{QB\sin\alpha}$$

B	Betrag der magnetischen Flussdichte
m	Teilchenmasse
Q	elektrische Ladung des Teilchens
v	Betrag der Geschwindigkeit

α Winkel zwischen den Vektoren der Geschwindigkeit und der magnetischen Flussdichte

Kraft auf stromführenden Leiter im Magnetfeld

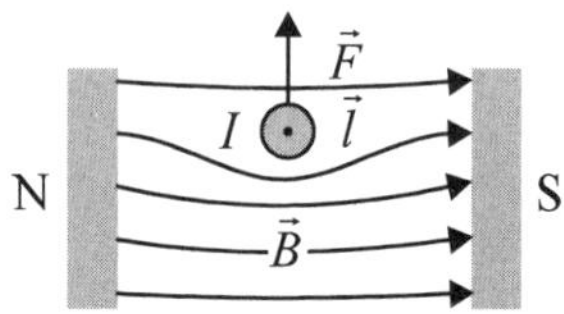

$\vec{F} = I(\vec{l} \times \vec{B})$	$= IlB \sin\alpha$	allgemeiner Fall
$\vec{F}$	$= IlB$	senkrechte Zuordnung

$\vec{B}; B$ Vektor der magnetische Flussdichte; Betrag

$\vec{l} \times \vec{B}$ Vektorprodukt der Vektoren $\vec{l}$ und $\vec{B}$

I Stromstärke

$\vec{l}; l$ Vektor in Richtung des Leiterstromes; Leiterlänge

α Winkel zwischen den Vektoren $\vec{l}$ und $\vec{B}$

Der Kraftvektor $\vec{F}$ steht senkrecht auf der von $\vec{l}$ und $\vec{B}$ aufgespannten Ebene. Die Richtung von $\vec{F}$ entsteht im Rechtsschraubensinn.

Kraft zwischen parallelen Stromleitern

$$F = \frac{\mu_0 \mu_r I_1 I_2 l}{2\pi r}$$

$I_1; I_2$ Strom im Leiter 1; Strom im Leiter 2

l Länge der parallelen Leiter

r Abstand der Leiterzentren

μ_r Permeabilitätszahl

μ_0 magnetische Feldkonstante

Die Kraft wirkt auf jeden der beiden Leiter. Gegensinnig durchströmte Leiter stoßen sich ab.

Energie des homogenen Magnetfeldes in Luft

4

$$W = \frac{1}{2} H^2 \mu_0 l A = \frac{1}{2\mu_0} B^2 l A = \frac{\Phi^2 l}{2\mu_0 A}$$

A Querschnittsfläche des Luftvolumens

H magnetische Feldstärke

l Länge des Luftvolumens

μ_0 magnetische Feldkonstante

Φ magnetischer Fluss

Energie des homogenen Magnetfeldes in Eisen

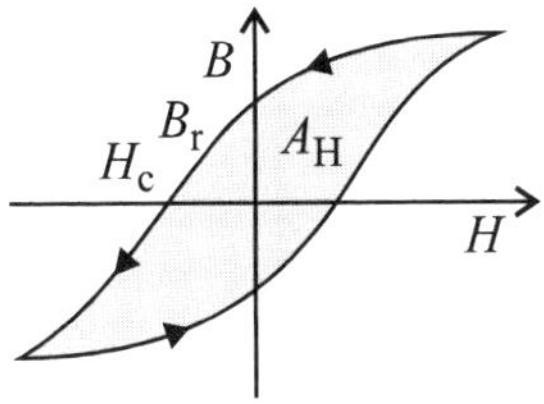

Spezifische magnetische Energieverluste im Eisen

$$w = \int_0^B H \, \mathrm{d}B \quad \text{proportional zur Fläche } A_\mathrm{H}$$

Magnetische Energie im Eisenvolumen

$$W = Al\int_0^B H\,\mathrm{d}B$$

A Querschnittsfläche des Eisenvolumens
l Länge des Eisenvolumens

Energie in stromdurchflossenen Spulen

$$W = \int_0^{\Phi} IN\,\mathrm{d}\Phi = \frac{1}{2}LI^2$$

L Induktivität der Spule
N Windungszahl
I elektrische Stromstärke
Φ magnetischer Fluss

4.7 Induktion

Induktionsgesetz

$$u_i = -\frac{\mathrm{d}\Phi}{\mathrm{d}t}$$

$$u_i = -\frac{\mathrm{d}}{\mathrm{d}t}\int_A \vec{B}\,\mathrm{d}\vec{A} = -\frac{\mathrm{d}}{\mathrm{d}t}\int_A B\cos\alpha\,\mathrm{d}A$$

u_i induzierte Spannung
$\vec{B}; B$ Vektor der magnetischen Flussdichte; Betrag
Φ magnetischer Fluss, von außen aufgeprägt

α Winkel zwischen der magnetischen Flussdichte und dem Vektor der Flächennormalen

A Fläche der Schleife, die vom Fluss durchsetzt wird

$\mathrm{d}\vec{A}$ elementarer Flächennormalenvektor der Fläche A

Spannungsinduktion in offenen Leiterschleifen

Eine Quellenspannung entsteht durch die zeitliche Änderung des Flusses der Leiterschleife.

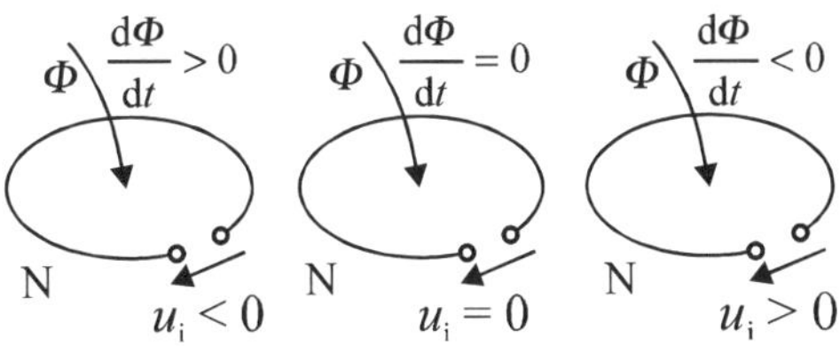

Induzierte Quellenspannung

$$u_i = -\frac{N\mathrm{d}\Phi}{\mathrm{d}t} = -\frac{\mathrm{d}\psi}{\mathrm{d}t}$$

Φ magnetischer Fluss

Ψ Spulenfluss ($\Psi = N\,\Phi$)

N Windungszahl

$\mathrm{d}\Phi/\mathrm{d}t$ zeitliche Änderung des magnetischen Flusses

Rechte-Hand-Regel

Um sich die Bezugsrichtungen der Größen bei der Spannungsinduktion zu merken, kann man die Rechte-Hand-Regel verwenden. Mit den Fingern in Bezugsrichtung des Flusses zeigt der Daumen in die Bezugsrichtung der induzierten Spannung.

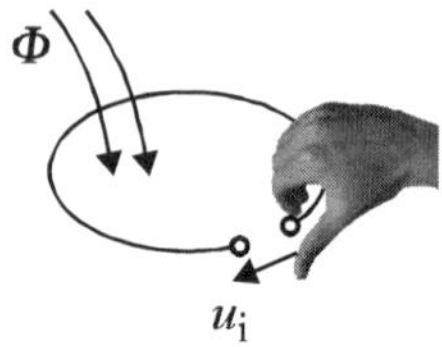

$$u_i = -\frac{d\Phi}{dt}$$

Induzierter Strom bei geschlossenen Leitern (Lenz'sche Regel)

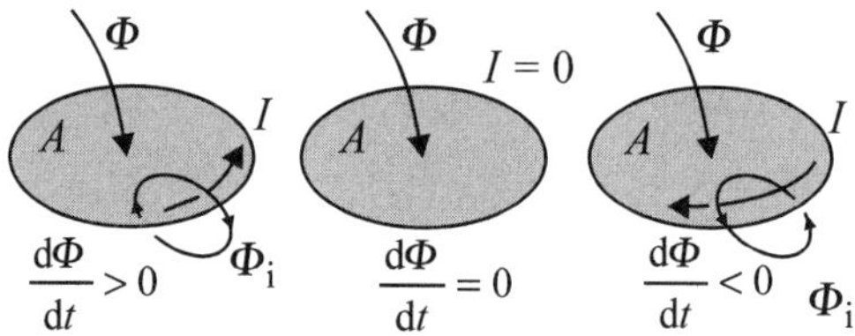

$$I \sim \frac{d\Phi}{dt}$$

I	induzierter Strom
Φ	magnetischer Fluss, von außen aufgeprägt
Φ_i	magnetischer Fluss, vom induzierten Strom hervorgerufen
A	Querschnittsfläche der Leiterschleife

Der induzierte Strom I ist so gerichtet, dass er seiner Entstehungsursache (Änderung des Flusses der Leiterschleife) entgegenwirkt. I und Φ_i sind in Rechtsschraube.

Klemmenspannung bei Selbstinduktion

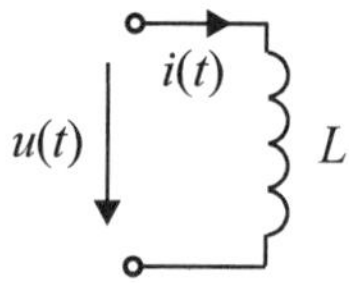

$$u(t) = L\frac{\mathrm{d}i(t)}{\mathrm{d}t}$$

L Induktivität
$i(t)$ zeitabhängiger Stromverlauf

Spannung eines bewegten geraden Leiters in einem ruhenden Magnetfeld

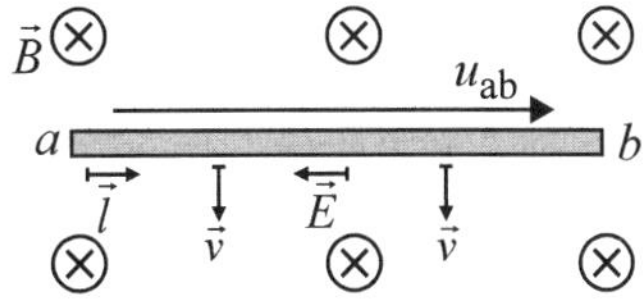

$$u_{ab} = \int_a^b \vec{E}\,\mathrm{d}\vec{l} = \int_a^b E\cos\alpha\,\mathrm{d}l = -\int_a^b (\vec{v}\times\vec{B})\,\mathrm{d}\vec{l}$$

$$\vec{E} = -(\vec{v}\times\vec{B})$$

$u_{ab} = -\,vBl$ bei $\alpha = 180°$, senkrechten Richtungen und Feldhomogenität

$\vec{B}; B$ Vektor der magnetischen Flussdichte; Betrag
$\vec{E}; E$ Vektor der elektrischen Feldstärke; Betrag
$\mathrm{d}\vec{l}$ Vektor des Wegelementes
l Leiterlänge
u_{ab} Klemmenspannung des Leiters
$\vec{v}$ Geschwindigkeitsvektor des Leiters

5 Magnetischer Kreis

5.1 Analogien zum elektrischen Kreis

	Elektrischer Kreis	**Magnetischer Kreis**
Feldtyp	Quellenfeld	Wirbelfeld
Quellen	U_q	Θ
Widerstand	$R = \frac{l}{\gamma A}$	$R_M = \frac{l}{\mu A}$
Leitwert	$G = \frac{1}{R}$	$\Lambda = \frac{1}{R_M}$
Ohm'sches Gesetz	$I = GU$	$\Phi = \Lambda \Theta$
Strömung	$I = \frac{U_q}{R}$	$\Phi = \frac{\Theta}{R_M}$
Dichte	$J = \frac{dI}{dA}$	$B = \frac{d\Phi}{dA}$
Maschensatz	$\sum U_{Ri} = U_q$	$\sum H_i \, l_i = \Theta$
Knotensatz	$\sum I = 0$	$\sum \Phi = 0$

A Querschnitt
B magnetische Flussdichte
G elektrischer Leitwert
H magnetische Feldstärke
I elektrische Stromstärke
J elektrische Stromdichte
l Länge
R elektrischer Widerstand
R_M magnetischer Widerstand

U_q	Quellenspannung
U_{Ri}	Spannungsabfälle an elektrischen Widerständen
U	Spannung
Θ	Durchflutung
Φ	magnetischer Fluss
Λ	magnetischer Leitwert
γ	elektrische Leitfähigkeit
μ	Permeabilität

5.2 Unverzweigte magnetische Kreise

Magnetische Feldstärke in einer geschlossenen Spule

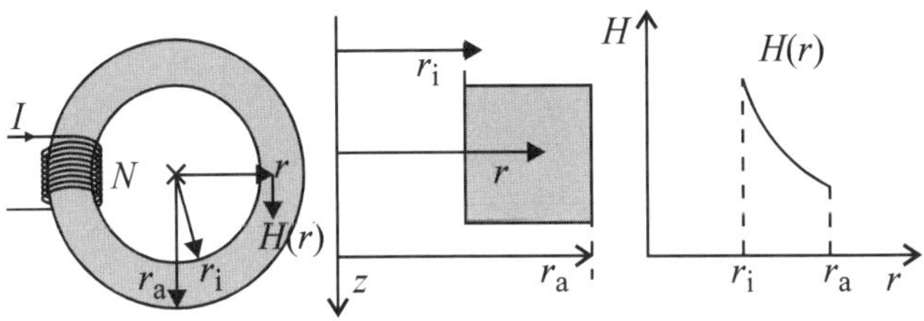

$$H(r) = \frac{NI}{2\pi r} \qquad r_a \geq r \geq r_i$$

I	elektrische Stromstärke
N	Windungszahl
r	variabler Zentralradius der Spule
r_a	innerer Zentralradius
r_i	äußerer Zentralradius

Magnetische Feldstärke und magnetische Flussdichte einer Toroidspule

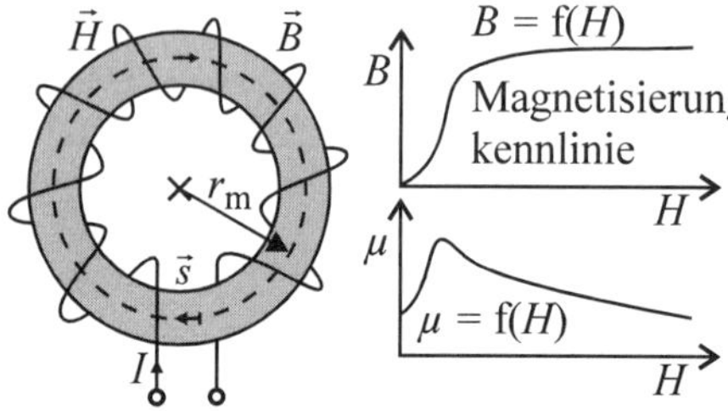

Magnetische Feldstärke	$H = \dfrac{NI}{2\pi r_{\mathrm{m}}}$
Magnetische Flussdichte	$B = \dfrac{\mu NI}{2\pi r_{\mathrm{m}}}$

μ Permeabilität
r_{m} mittlerer Zentralradius der Toroidspule

Im Allgemeinen wird die Radiusabhängigkeit der magnetischen Feldstärke $H(r)$ und der Flussdichte $B(r)$ vernachlässigt und der mittlere Radius r_{m} verwendet.

Bestimmung der elektrischen Stromstärke für eine Ziel-Flussdichte im Luftspalt

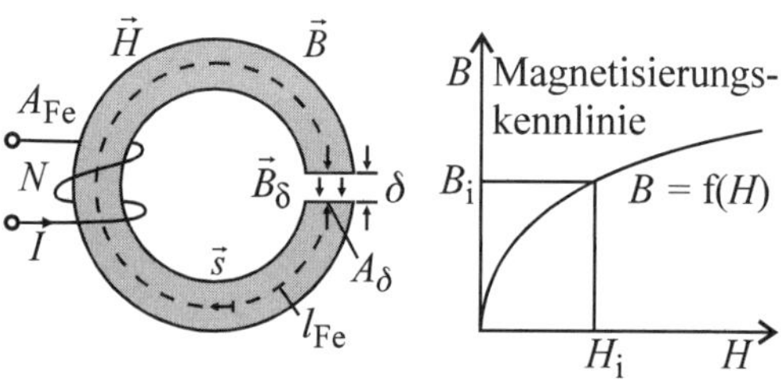

Lösungsschema

1. Aus der magnetischen Ziel-Flussdichte B_δ im Luftspalt folgt der magnetische Fluss:

   $$\Phi = B_\delta A_\delta$$

2. Aus dem magnetischen Fluss ergeben sich mit den Querschnitten der Kreisabschnitte A_i die magnetischen Flussdichten B_i und magnetischen Feldstärken H_i:

   $$B_i = \frac{\Phi}{A_i}$$

   H_i für Eisen aus der Magnetisierungskennlinie

   $$H_\delta = \frac{B_\delta}{\mu_0}$$ für Luft über die Permeabilität von Luft

3. Die Anwendung des Durchflutungssatzes mit Aufsummierung aller magnetischen Spannungsabfälle des Kreises (mit Luftspalt) liefert die Durchflutung:

   $$\Theta = NI = \sum H_i l_i$$

4. Bestimmung der elektrischen Stromstärke I über

   $$I = \frac{\Theta}{N}$$

A_δ	Querschnittsfläche des Luftspaltes
A_i	Querschnittsfläche des Kreisabschnittes *i*
H_δ	Luftspaltfeldstärke
H_i	magnetische Feldstärke des Kreisabschnittes *i*
l_i	Länge des Bereichs *i*
N	Windungszahl

5

δ Luftspaltlänge
μ_0 magnetische Feldkonstante
Θ Durchflutung

Magnetische Flussdichte für eine eingeprägte elektrische Stromstärke bei gleichen Querschnitten

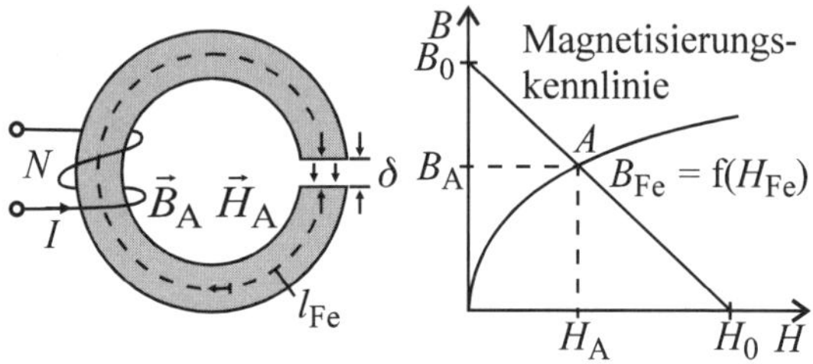

Lösungsschema
(Voraussetzung: gleiche Querschnitte im Kreis)

1. Aus der vorgegebenen magnetischen Durchflutung $\Theta = IN$ und den Abmessungen des magnetischen Kreises werden die Abschnitte einer Geraden berechnet:

$$B_0 = \frac{\mu_0 IN}{\delta} \qquad H_0 = \frac{IN}{l_{Fe}}$$

2. Der Schnittpunkt dieser Geraden mit der Magnetisierungskennlinie $B_{Fe} = f(H_{Fe})$ liefert den gesuchten Arbeitspunkt $A(B_A; H_A)$.

B_A gesuchte magnetische Flussdichte im Eisen
B_0 magnetische Flussdichte bei $H = 0$
H_A gesuchte magnetische Feldstärke im Eisen
H_0 magnetische Feldstärke bei $B = 0$
l_{Fe} Länge des Eisenweges

N Windungszahl
I elektrische Stromstärke
δ Luftspaltlänge
μ_0 magnetische Feldkonstante

Magnetische Flussdichte für eine eingeprägte elektrische Stromstärke bei verschiedenen Querschnitten

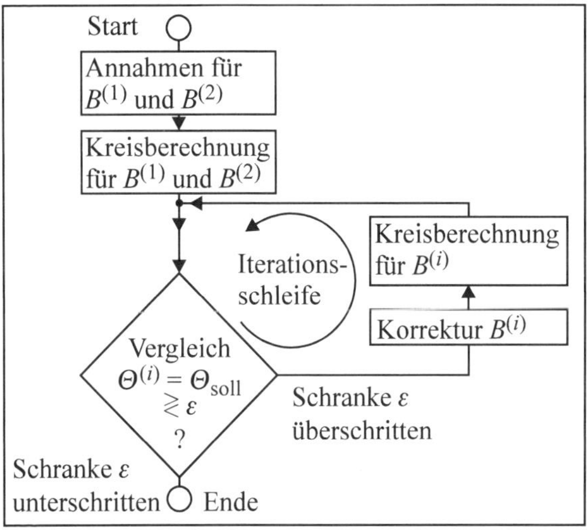

Lösungschema (unterschiedliche Querschnitte im Kreis)

Die Aufgabe wird iterativ (schrittweise genähert) gelöst. Für plausible Annahmen der $B^{(1)}$ und $B^{(2)}$ wird eine Kreisberechnung durchgeführt, und die Ergebnisse werden mit der Vorgabe verglichen. Überschreitet die Differenz eine Schranke ε, wird die magnetische Flussdichte $B^{(i)}$ für die nächste Iteration (i) nach folgendem Verfahren korrigiert:

$$B^{(i)} = B^{(i-1)} + \left[B^{(i-2)} - B^{(i-1)} \right] \frac{\Theta_{soll} - \Theta^{(i-1)}}{\Theta^{(i-1)} - \Theta^{(i-2)}}$$

Θ_{soll} Ziel-Vorgabe der magnetischen Durchflutung

$\Theta^{(i-1)}, \Theta^{(i-2)}$ Ergebnis der Durchflutung der Iterationen i–1, i–2

$B^{(i-1)}, B^{(i-2)}$ Flussdichte in den Iterationen i–1, i–2

5.3 Verzweigte magnetische Kreise

Bestimmung der elektrischen Stromstärke für eine Ziel-Flussdichte im Luftspalt

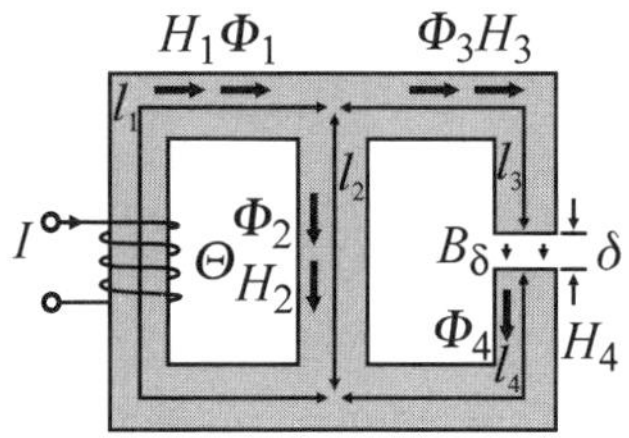

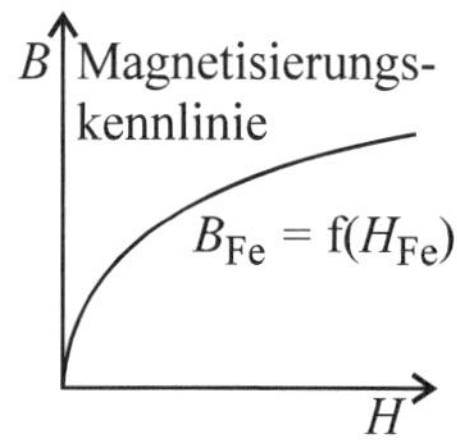

Lösungsschema

Die Vorgabe der Luftspaltflussdichte B_δ ermöglicht mit der Luftspalt-Querschnittfläche A_δ die Berechnung des Flusses im Schenkelbereich 3 und 4:

$$\Phi_3 = \Phi_4 = B_\delta A_\delta$$

Der magnetische Spannungsabfall über dem mittleren Schenkel ist gleich dem über den rechten Schenkel:

$$H_2 l_2 = H_3 l_3 + H_4 l_4 + H_\delta \delta$$

δ Luftspaltlänge

l_3, l_4 Längen der Schenkel 3, 4

Nach Auflösung nach H_2 kann B_2 ermittelt werden:

$$B_2 = \mathrm{f}(H_2) \text{ aus der Magnetisierungskennlinie}$$

Der Fluss Φ_2 im Schenkelbereich 2 entsteht aus der Flussdichte B_2 und der Querschnittsfläche A_2:

$$\Phi_2 = B_2 A_2$$

Der Fluss Φ_1 im Schenkelbereich 1 wird über die Flusssumme bestimmt.

$$\Phi_1 = \Phi_2 + \Phi_3$$

Die Flussdichte B_1 wird über die Querschnittsfläche A_1 berechnet.

$$B_1 = \frac{\Phi_1}{A_1}$$

Die Feldstärke H_1 wird aus der Magnetisierungskennline bestimmt.

$$H_1 = \mathrm{f}(B_1)$$

Die Durchflutung Θ entsteht aus der Summe der magnetischen Spannungsabfälle:

$$\Theta = H_1 l_1 + H_2 l_2$$

l_1, l_2 Längen der Schenkel 1, 2

Die gesuchte elektrische Stromstärke I ergibt sich zu:

$$I = \frac{\Theta}{N}$$

N Windungszahl

5.4 Induktivitäten

Induktivität (Definition als Koeffizient der Selbstinduktion)

$$L = \frac{N\Phi}{I} = \frac{\psi}{I} = \frac{N^2}{R_M} = N^2\Lambda$$

N Windungszahl einer Spule
I elektrische Stromstärke
R_M magnetischer Widerstand des magnetischen Kreises
Φ magnetischer Fluss
Ψ magnetischer Spulenfluss
Λ magnetischer Leitwert des magnetischen Kreises

Induktivität eines eisenbehafteten Kreises

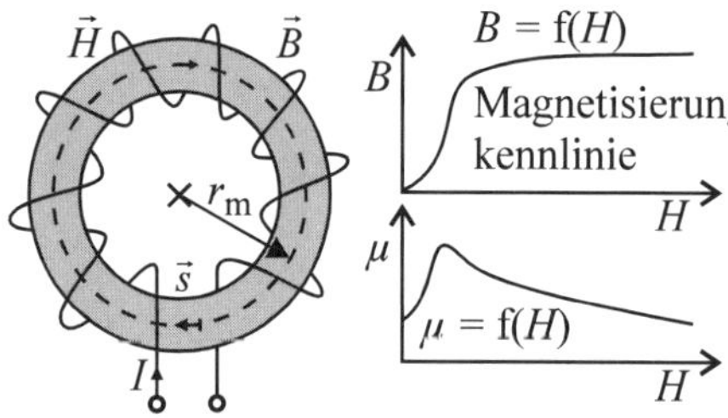

$$L = N^2\Lambda$$

$$\Lambda = \frac{\Phi}{\Theta} = \frac{\mu A}{2\pi r_m}$$

A Querschnittsfläche
r_m mittlerer Zentralradius
Λ magnetischer Leitwert des magnetischen Kreises
Φ magnetischer Fluss des magnetischen Kreises
Θ Durchflutung des magnetischen Kreises

Der magnetische Leitwert Λ von Eisenkreisen ist material- und arbeitspunktabhängig. In der Sättigung wird die Induktivität wesentlich kleiner.

Induktivität einer eisenfreien Toroidspule

$$L = \frac{\mu_0 A N^2}{l_m}$$

A Spulenquerschnitt
N Windungszahl
l_m mittlere Spulenlänge $(2\pi r_m)$
r_m mittlerer Radius
μ_0 magnetische Feldkonstante

5

Induktivität eines konzentrischen Kabels

$$L = \frac{\mu_0 l}{2\pi}\left(0{,}25 + \ln\frac{r_a}{r_i}\right)$$

l Kabellänge
r_a Außenradius
r_i Innenradius
μ_0 magnetische Feldkonstante

Induktivität eines dünnwandigen Rohres

$$L = \mu_0 R \cdot \left(1{,}5 + \ln\frac{R}{l}\right)$$

l Rohrlänge
R Radius des Rohrs
μ_0 magnetische Feldkonstante

Klemmenspannung der Induktivität durch Selbstinduktion

konstante Induktivität	arbeitspunktabhängig
$u_L = \frac{N\Phi}{i}\frac{di}{dt} = L\frac{di}{dt}$	$u_L = \frac{Nd\Phi}{di}\frac{di}{dt} = L\frac{di}{dt}$

i elektrische Stromstärke durch die Induktivität
L Induktivität
N Windungszahl einer Spule
Φ magnetischer Fluss

5.5 Transformatorgrundlagen

Idealer Transformator (streuungs- und verlustfrei)

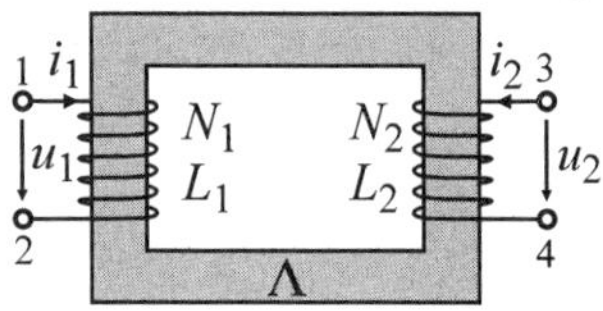

$$L_1 = N_1^2 \Lambda$$
$$L_2 = N_2^2 \Lambda$$
$$\Lambda = \frac{\mu A}{l}$$

$$u_1(t) = L_1\frac{di_1}{dt} + M\frac{di_2}{dt}$$
$$u_2(t) = L_2\frac{di_2}{dt} + M\frac{di_1}{dt}$$
$$M = \sqrt{L_1 L_2}$$

A Querschnittsfläche des magnetischen Kreises
l (mittlere) Länge des magnetischen Kreises
L_1; L_2 Induktivitäten der Spulen (1) und (2)
N_1; N_2 Windungszahlen der Spulen (1) und (2)
Λ magnetischer Leitwert des Kreises
μ Permeabilität (nicht konstant bei ferromagnetischen Stoffen)
M Gegeninduktivität

Windungsgleichgewicht beim idealen Transformator

$$i_1 N_1 = -i_2 N_2$$

N_1; N_2 Windungszahlen der Spulen (1); (2)
i_1; i_2 elektrische Stromstärken der Spulen (1); (2)

Hinweis: Bei der Änderung einer Stromrichtung entsteht ein Vorzeichenwechsel.

Ein idealer Transformator ($ü$ = 1) wirkt (abgesehen von der galvanischen Trennung) so, als sei er nicht vorhanden.

Übersetzungsverhältnis beim idealen Transformator

$$ü = \frac{N_1}{N_2} = \frac{u_1}{u_2}$$

i_1; i_2 elektrische Stromstärken der Spulen (1); (2)
u_1; u_2 Klemmenspannungen der Spulen (1); (2)

Hinweis: In der elektrischen Energietechnik werden die Spulen (1) und (2) so gewählt, dass $ü \geq 1$ ist.

Induktivitäten des streuungsbehafteten Transformators

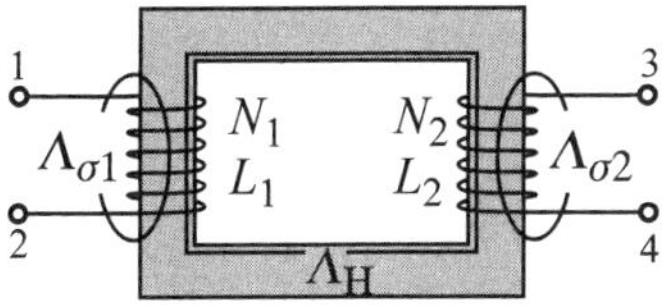

$$L_1 = N_1^2(\Lambda_H + \Lambda_{\sigma1}) = L_{H1} + L_{\sigma1}$$
$$L_2 = N_2^2(\Lambda_H + \Lambda_{\sigma2}) = L_{H2} + L_{\sigma2}$$

L_{H1}; L_{H2} Hauptinduktivitäten der Spulen (1) und (2)
$L_{\sigma1}$; $L_{\sigma2}$ Streuinduktivitäten der Spulen (1) und (2)

L_1; L_2 Induktivitäten der Spulen (1); (2)

N_1; N_2 Windungszahlen der Spulen (1); (2)

Λ_H magnetischer Leitwert des gekoppelten Kreises (Hauptleitwert)

$\Lambda_{\sigma 1}$ magnetischer Leitwert des Streukreises der Spule (1)

$\Lambda_{\sigma 2}$ magnetischer Leitwert des Streukreises der Spule (2)

Gegeninduktivität

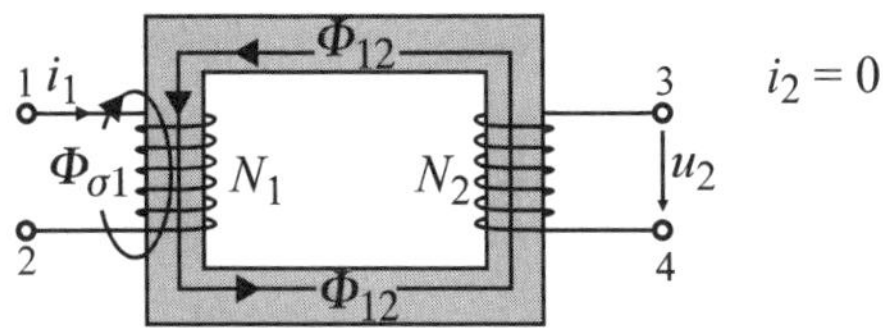

$$M = \frac{N_2 \Phi_{12}}{i_1}$$

$$u_2 = M \frac{\mathrm{d}i_1}{\mathrm{d}t}$$

N_2 Windungszahl der Gegenspule (2)

Φ_{12} Anteil des magnetischen Spulenflusses der Spule (1), der auch die Spule (2) durchdringt

M Gegeninduktivität

i_1 elektrische Stromstärke in der Spule (1)

Die elektrische Stromstärke i_1 in der Spule (1) erzeugt in einer Spule (2) einen magnetischen Fluss Φ_{12}. Die Gegeninduktivität beschreibt diese Kopplung.

Der Strom in einer ersten Spule bewirkt über die Gegeninduktivität einen Spannungsabfall in einer zweiten über M gekoppelten Spule.

Gegeninduktivitäten gekoppelter Spulen

$M = \sqrt{L_1 L_2}$	streuungsfreie Kopplung
$M = k\sqrt{L_1 L_2}$	streuungsbehaftete Kopplung

k Kopplungsfaktor $k \leq 1$
$L_1; L_2$ Induktivitäten der Spulen (1) und (2)

Die wechselseitigen Gegeninduktivitäten M der Spulen (1) und (2) sind gleich. Dies gilt für den streuungsfreien und für den streuungsbehafteten Fall. Der Kopplungsfaktor k kann aus den Verhältnissen von Hauptfluss zu Streufluss beider Wicklungen bestimmt werden.

5

Spannungsgleichungen am realen Transformator

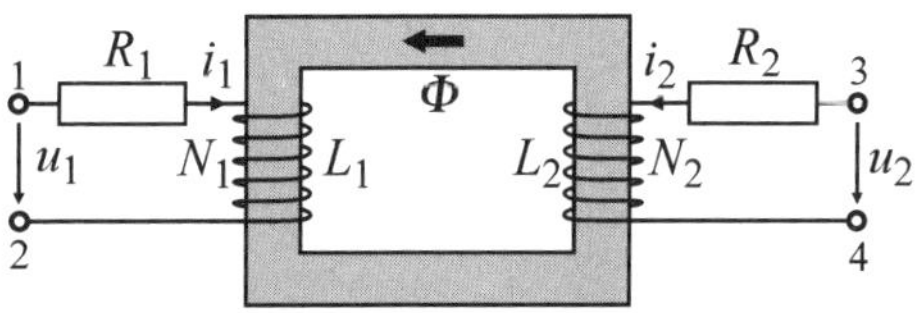

$$u_1 = i_1 R_1 + N_1 \frac{\mathrm{d}\Phi_1}{\mathrm{d}t} = i_1 R_1 + L_1 \frac{\mathrm{d}i_1}{\mathrm{d}t} + M \frac{\mathrm{d}i_2}{\mathrm{d}t}$$

$$u_2 = i_2 R_2 + N_2 \frac{\mathrm{d}\Phi_2}{\mathrm{d}t} = i_2 R_2 + L_2 \frac{\mathrm{d}i_2}{\mathrm{d}t} + M \frac{\mathrm{d}i_1}{\mathrm{d}t}$$

$u_1; u_2$ Klemmenspannungen der Spulen (1) und (2)
$\Phi_1; \Phi_2$ magnetische Flüsse durch die Spulen (1) und (2)
$i_1; i_2$ elektrische Stromstärken der Spulen (1) und (2)
$N_1; N_2$ Windungszahlen der Spulen (1) und (2)
$L_1; L_2$ Induktivitäten der Spulen (1) und (2)
M Gegeninduktivität

6 Elektromagnetische Felder

6.1 Einteilung

Statische Felder

Ein statisches Feld liegt vor, wenn die Feldgrößen zeitlich konstant sind und keine Bewegung von elektrischen Ladungen vorliegt. Zwischen den elektrischen und den magnetischen Feldgrößen gibt es dann keine Kopplung.

Leiter	Nichtleiter	Magnetostatisches Feld
$\vec{E}=0$	$\oint_s \vec{E}\,d\vec{s}=0$	$\oint_s \vec{H}\,d\vec{s}=0$
$\vec{D}=0$	$\oint_A \vec{D}\,d\vec{A}=Q$	$\oint_A \vec{B}\,d\vec{A}=0$
$\vec{J}=0$	$\vec{D}=\varepsilon\vec{E}$	

$\vec{A}$ Vektor der Flächennormale
$\vec{B}$ Vektor der magnetischen Flussdichte
$d\vec{s}$ Vektor des Wegelementes
$\vec{D}$ Vektor der elektrischen Flussdichte
$\vec{E}$ Vektor der elektrischen Feldstärke
$\vec{H}$ Vektor der magnetischen Feldstärke
$\vec{J}$ Vektor der elektrischen Stromdichte
ε Permittivität
Q elektrische Ladung

Feldstärke als Gradient des elektrischen Potenzials

$$\vec{E} = -\operatorname{grad} \Phi = -\left(\frac{d\Phi}{dx} e_x + \frac{d\Phi}{dy} e_y + \frac{d\Phi}{dz} e_z \right)$$

Φ elektrisches Potenzial

e_x, e_y, e_z Einheitsvektoren in x-, y- und z-Richtung

Stationäre Felder

Ein stationäres Feld liegt vor, wenn die Feldgrößen zeitlich konstant sind und eine Bewegung von elektrischen Ladungen mit konstanter Geschwindigkeit vorliegt. Zwischen den elektrischen und den magnetischen Feldgrößen gibt es eine unidirektionale (in einer Richtung wirkende) Kopplung.

6

Das stationäre elektrische Strömungsfeld erzeugt das magnetische Feld. Es kann unabhängig von den magnetischen Feldgrößen bestimmt werden.

Stationäres elektrisches Strömungsfeld	Stationäres magnetisches Feld
$\vec{J} = \gamma \vec{E}$	$\vec{B} = \mu \vec{H}$
$\oint_s \vec{E}\, d\vec{s} = 0$	$\oint_s \vec{H}\, d\vec{s} = I$
$\oint_A \vec{J}\, d\vec{A} = 0$	$\oint_A \vec{B}\, d\vec{A} = 0$
$\oint_A \vec{D}\, d\vec{A} = Q$	

Stationäres elektrisches Strömungsfeld	Stationäres magnetisches Feld
$\frac{d\vec{D}}{dt} = 0$	$\frac{d\vec{B}}{dt} = 0$
$\vec{E} = \text{konst.}$	
$\vec{D} = \text{konst.}$	
$\vec{v} = \text{konst.}$	

$\vec{A}$	Vektor der Flächennormale
$\vec{B}$	Vektor der magnetischen Flussdichte
$\vec{D}$	Vektor der elektrischen Flussdichte
$\vec{E}$	Vektor der elektrischen Feldstärke
$\vec{H}$	Vektor der magnetischen Feldstärke
$\vec{J}$	Vektor der elektrischen Stromdichte
$d\vec{s}$	Vektor des Wegelementes
$\vec{v}$	Vektor der elektrischen Ladungsträgergeschwindigkeit
Q	elektrische Ladung
ε	Permittivität
γ	elektrische Leitfähigkeit

Quasistationäre (langsam veränderliche) Felder

Bei nur kleiner Änderung des elektrischen Flusses gegenüber der elektrischen Stromstärke kann dieser zur Ausbildung der magnetischen Feldstärke vernachlässigt werden und es können Gleichströme mit den jeweiligen Zeitwerten angenommen werden. Dagegen wirkt der veränderliche magnetische Fluss auf die Entstehung des elektrischen Feldes ein.

Quasistationäres elektrisches Feld	Quasistationäres magnetisches Feld
$\vec{D} = \varepsilon \vec{E}$	$\vec{B} = \mu \vec{H}$
$\oint_s \vec{E}\,\mathrm{d}\vec{s} = -\frac{\mathrm{d}\Phi}{\mathrm{d}t}$	$\oint_s \vec{H}\,\mathrm{d}\vec{s} = i$
$\oint_A \vec{D}\,\mathrm{d}\vec{A} = Q$	$\oint_A \vec{B}\,\mathrm{d}\vec{A} = 0$

$\vec{A}$ Vektor der Flächennormale
$\vec{B}$ Vektor der magnetischen Flussdichte
$\mathrm{d}\vec{s}$ Vektor des Wegelementes
$\vec{D}$ Vektor der elektrischen Flussdichte
$\vec{E}$ Vektor der elektrischen Feldstärke
$\vec{H}$ Vektor der magnetischen Feldstärke
i zeitabhängige elektrische Stromstärke
Q elektrische Ladung
Φ magnetischer Fluss
ε Permittivität
μ Permeabilität

6

Rasch veränderliche Felder

Die elektrischen Flussänderungen üben einen großen Einfluss auf die Ausbreitung des magnetischen Feldes aus. Die Felder sind bidirektional verknüpft und können nicht unabhängig voneinander bestimmt werden. Nur die Anwendung der Maxwell'schen Gleichungen in der allgemeinen Form ist zulässig.

6.2 Maxwell'sche Gleichungen

Die physikalischen Erscheinungen des elektrischen und magnetischen Feldes lassen sich in den vier Maxwell'schen Gleichungen zusammenfassen.

1. Maxwell'sche Gleichung – Erweiterung des Durchflutungssatzes

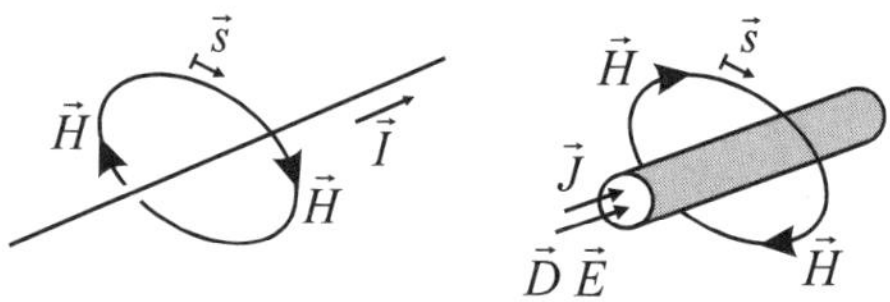

$$\oint_s \vec{H} \mathrm{d}\vec{s} = \Theta = I + \frac{\mathrm{d}\psi}{\mathrm{d}t}$$

Durchflutungssatz	Erweiterung
$\oint_s \vec{H}\,\mathrm{d}\vec{s} = \oint_A \vec{J}\,\mathrm{d}\vec{A}\ +$	$\frac{\mathrm{d}}{\mathrm{d}t}\left[\oint_A \vec{D}\,\mathrm{d}\vec{A}\right]$
Integration der elektrischen Stromdichte Einheit: A	zeitliche Ableitung des elektrischen Flusses Ψ Einheit: A

$\vec{A}$	Vektor der Flächennormale
$\vec{D}$	Vektor der elektrischen Flussdichte
$\vec{H}$	Vektor der magnetischen Feldstärke
I	elektrische Stromstärke
$\vec{J}$	Vektor der elektrischen Stromdichte
$\mathrm{d}\vec{s}$	Vektor des Wegelementes
Ψ	elektrischer Fluss
Θ	Durchflutung

Ein elektrischer Strom I und ein zeitlich veränderlicher elektrischer Fluss sind von geschlossenen magnetischen Feldlinien umgeben.

2. Maxwell'sche Gleichung – Induktionsgesetz

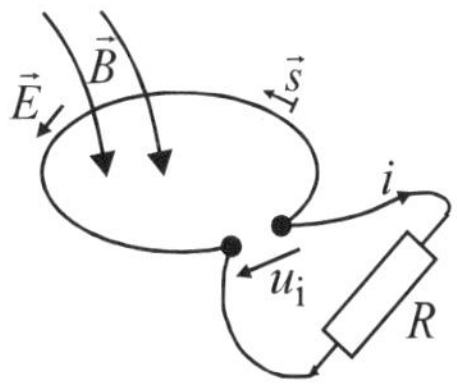

$$u_i = \oint_s \vec{E}\,\mathrm{d}\vec{s} = -\frac{\mathrm{d}}{\mathrm{d}t}\oint_A \vec{B}\,\mathrm{d}\vec{A} = -\frac{\mathrm{d}\Phi}{\mathrm{d}t}$$

$$i = \frac{u_i}{R}$$

u_{i}	i	
< 0	< 0	für $\mathrm{d}B / \mathrm{d}t > 0$
> 0	> 0	für $\mathrm{d}B / \mathrm{d}t < 0$

$\vec{B}$ Vektor der magnetischen Flussdichte
$\mathrm{d}\vec{A}$ elementarer Flächennormalenvektor
$\vec{E}$ Vektor der elektrischen Feldstärke
i elektrische Stromstärke
u_{i} induzierte Spannung
$\mathrm{d}\vec{s}$ Vektor des Wegelementes
Φ magnetischer Fluss

Ein zeitlich veränderliches Magnetfeld ist von geschlossenen elektrischen Feldlinien umgeben. Wenn der elektrische Strom-

6

kreis geschlossen ist, wird über die Induktion ein elektrischer Stromfluss erzeugt, der seiner Entstehungsursache entgegen wirkt.

3. Maxwell'sche Gleichung

$$\oint_A \vec{D}\,\mathrm{d}\vec{A} = Q$$

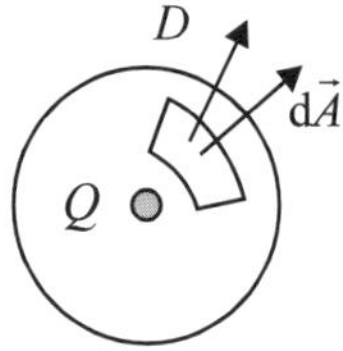

$\vec{D}$	Vektor der elektrische Flussdichte
$\mathrm{d}\vec{A}$	elementarer Flächennormalenvektor
Q	elektrische Ladung

Die Nettobilanz des elektrischen Flusses durch eine geschlossene Hülle liefert die umschlossene elektrische Ladung Q. In der Elektrostatik sind die elektrischen Ladungen Quellen und Senken (Anfang und Ende) des elektrischen Flusses.

4. Maxwell'sche Gleichung

$$\oint_A \vec{B}\,\mathrm{d}\vec{A} = 0$$

$\vec{B}$	Vektor der magnetischen Flussdichte
$\mathrm{d}\vec{A}$	elementarer Flächennormalenvektor

Die Nettobilanz des magnetischen Flusses durch eine geschlossene Hülle ist null. Der magnetische Fluss hat weder Quellen noch Senken (Anfang und Ende).

6.3 Ausbreitungsgeschwindigkeit elektromagnetischer Wellen

Vakuum	anderes Medium
$c = \dfrac{1}{\sqrt{\varepsilon_0 \mu_0}}$	$v = \dfrac{c}{\sqrt{\varepsilon_r \mu_r}}$

ε_0 elektrische Feldkonstante
ε_r Permittivitätszzahl
μ_0 magnetische Feldkonstante
μ_r Permeabilitätszahl

6.4 Energie und Leistung im elektromagnetischen Feld

Energie des elektrischen Feldes	Energie des magnetischen Feldes
$w = \dfrac{\mathrm{d}W}{\mathrm{d}V} = \dfrac{\vec{D}\vec{E}}{2} = \dfrac{\varepsilon \vec{E}^2}{2}$	$w = \dfrac{\mathrm{d}W}{\mathrm{d}V} = \dfrac{\vec{B}\vec{H}}{2} = \dfrac{\mu \vec{H}^2}{2}$

Satz von Poynting (Leistungsbilanz im Volumen)

$$\oint_A (\vec{E} \times \vec{H})\, \mathrm{d}\vec{A} = -\oint_V \frac{J^2}{\gamma}\, \mathrm{d}V - \frac{\mathrm{d}}{\mathrm{d}t} \oint_V \left(\frac{\varepsilon \vec{E}^2}{2} + \frac{\mu \vec{H}^2}{2} \right) \mathrm{d}V$$

$\vec{S} = (\vec{E} \times \vec{H})$	Volumenwärmeleistung	elektromagnetischer Leistungszuwachs

Der Poynting'sche Vektor $\vec{S}$ beschreibt die Dichte des Leistungsflusses im elektromagnetischen Feld und kennzeichnet damit die Strömung der elektromagnetischen Energie im Raum.

$\mathrm{d}\vec{A}$	elementarer Flächennormalenvektor
$\vec{B}$	magnetischer Flussdichtevektor
$\vec{D}$	elektrischer Flussdichtevektor
$\vec{E}$	elektrische Feldstärkevektor
$\vec{J}$	Vektor der elektrischen Stromdichte
V	Volumen
$\vec{H}$	magnetischer Feldstärkevektor
ε	Permittivität
μ	Permeabilität
γ	elektrische Leitfähigkeit

7 Nichtstationäre Vorgänge an Spulen und Kondensatoren

7.1 Spulen

Klemmenspannung an der Spule

$$u_L(t) = L\frac{\mathrm{d}i_L(t)}{\mathrm{d}t} \qquad \text{Differenzialform}$$

Strom durch die Spule

$$i_L(t) = I_0 + \frac{1}{L}\int_0^t u_L(t)\,\mathrm{d}t \qquad \text{Integralform}$$

L Induktivität der Spule
I_0 elektrische Stromstärke zu Beginn des Vorgangs

7

Die zeitliche Änderung der Stromstärke durch die ideale Spule bestimmt in jedem Augenblick die elektrische Klemmenspannung.

Beispiel: Im Beispiel verändert die zugeschaltete Spannung $u_L(t)$ den Strom $i_L(t)$ durch die ideale Spule.

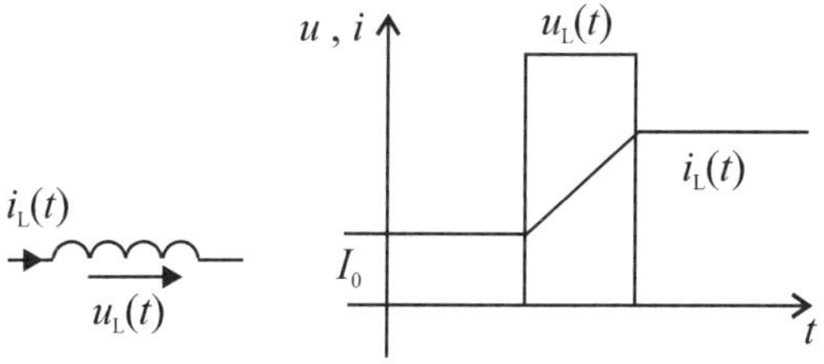

7.2 Kondensatoren

Strom durch den Kondensator

$$i_C(t) = C\frac{\mathrm{d}u_C(t)}{\mathrm{d}t} \qquad \text{Differenzialform}$$

Klemmenspannung am Kondensator

$$u_C(t) = U_0 + \frac{1}{C}\int_0^t i_C(t)\,\mathrm{d}t \qquad \text{Integralform}$$

C elektrische Kapazität des Kondensators
U_0 elektrische Spannung zu Beginn des Vorgangs

Die zeitliche Änderung der elektrischen Spannung am idealen Kondensator bestimmt in jedem Augenblick die Stromstärke durch den Kondensator. Nur wenn Ladungen zu- oder abfließen, kann sich die Klemmenspannung des Kondensators ändern.

Beispiel: Im Beispiel verändert ein eingeprägter Strom $i_C(t)$ die Klemmenspannung $u_C(t)$ des idealen Kondensators.

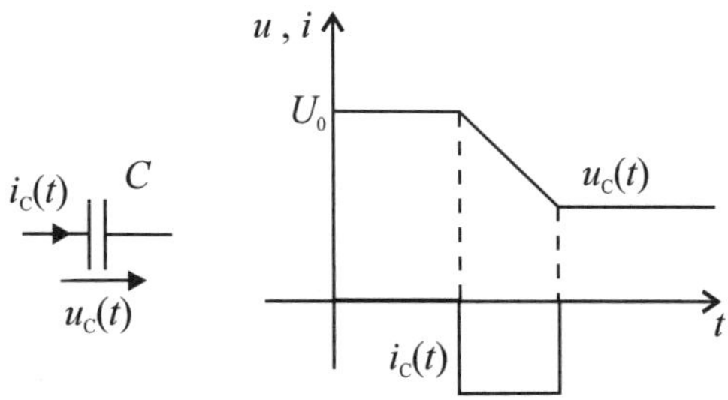

7.3 Einschaltvorgänge

Einschaltvorgang einer Gleichspannung an einer Spule

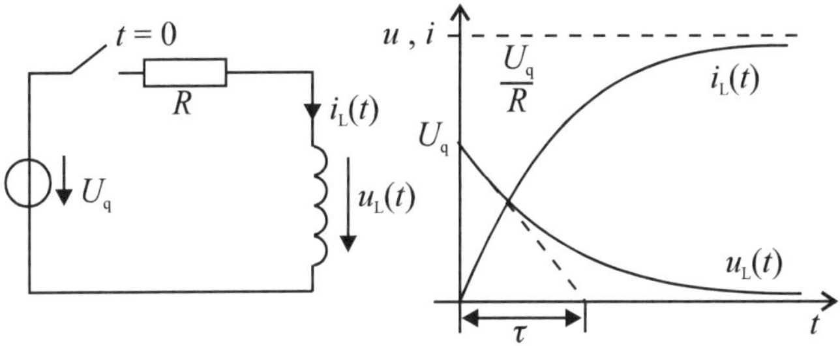

Verlauf der Spannung

$$u_L(t) = U_q \, e^{-\frac{t}{\tau}} \quad \text{mit } \tau = \frac{L}{R}$$

Verlauf des Stromes

$$i_L(t) = \frac{U_q}{R}\left(1 - e^{-\frac{t}{\tau}}\right)$$

Momentanwert der gespeicherten Energie

$$W(t) = \frac{L i_L^2(t)}{2}$$

R ohmscher Widerstand im Kreis
L Induktivität
τ Zeitkonstante
U_q Quellenspannung

7

Einschaltvorgang einer Gleichspannung an einem Kondensator

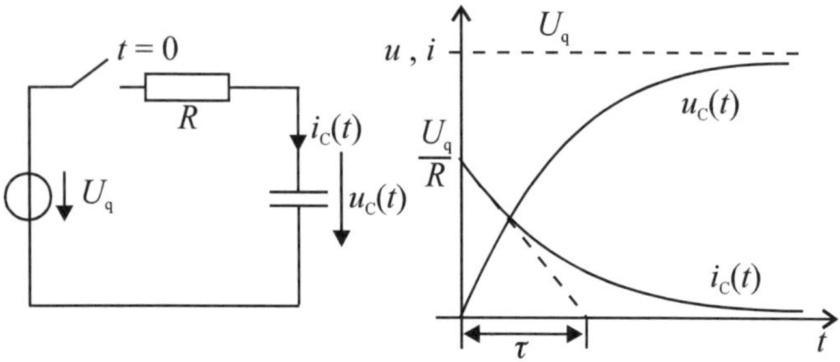

Verlauf der Spannung

$$u_C(t) = U_q\left(1 - e^{-\frac{t}{\tau}}\right) \qquad \text{mit} \quad \tau = RC$$

Verlauf des Stromes

$$i_C(t) = \frac{U_q}{R} e^{-\frac{t}{\tau}}$$

Momentanwert der gespeicherten Energie

$$W(t) = \frac{C u_C^2(t)}{2}$$

R	ohmscher Widerstand im Kreis
C	Kapazität
τ	Zeitkonstante
U_q	Quellenspannung

8 Wechselstrom und Drehstrom

8.1 Wechselstromgrößen

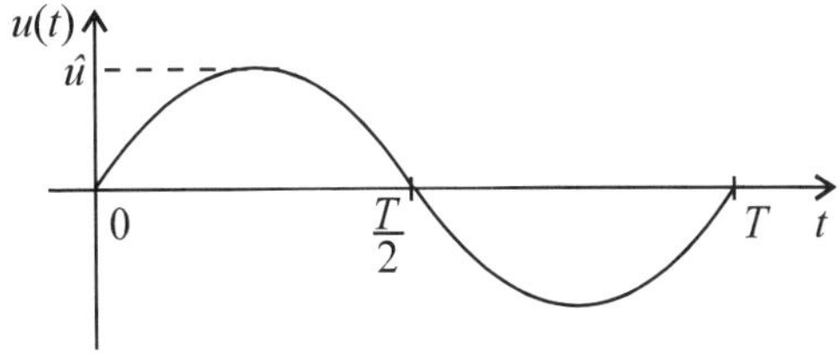

Frequenz

$$f = \frac{1}{T}$$

T Periodendauer

Kreisfrequenz

$$\omega = 2\pi f$$

Augenblickswerte

$$u(t) = \hat{u} \sin \omega t$$

Effektivwert, allgemein

$$U = \sqrt{\frac{1}{T} \int_0^T u^2(t)\, \mathrm{d}t}$$

Gleichrichtwert, allgemein

$$|\overline{u}| = \frac{1}{\frac{T}{2}} \int_0^{\frac{T}{2}} u(t)\,\mathrm{d}t$$

Scheitelfaktor, allgemein

$$k_\mathrm{s} = \frac{\hat{u}}{U}$$

Formfaktor, allgemein

$$k_\mathrm{f} = \frac{U}{|\overline{u}|}$$

Arithmetischer Mittelwert, allgemein

$$\overline{u} = \frac{1}{T} \int_0^{T} u(t)\,\mathrm{d}t$$

Hinweis: Die Definitionen gelten für alle Wechselstromgrößen; also auch für den Strom $i(t)$, die Leistung $p(t)$ usw.
Für sinusförmige Wechselgrößen gilt:

$$\overline{u} = 0 \qquad k_\mathrm{s} = \sqrt{2}$$

$$|\overline{u}| = \frac{2}{\pi}\hat{u} \qquad k_\mathrm{f} = \frac{\pi}{2\sqrt{2}}$$

$$U = \frac{\hat{u}}{\sqrt{2}}$$

8.2 Drehstromgrößen

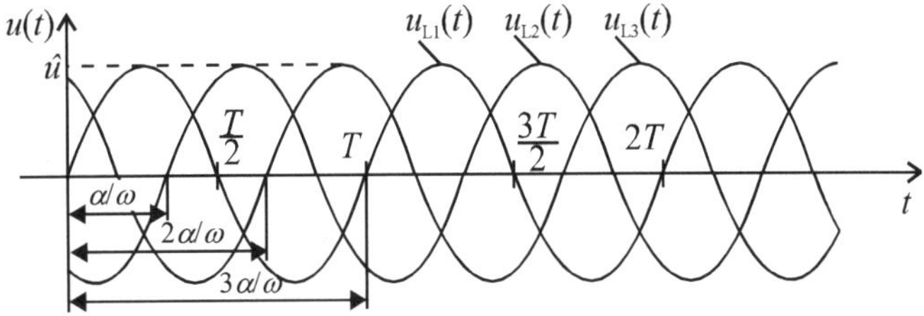

Frequenz

$$f = \frac{1}{T}$$

T Periodendauer

Kreisfrequenz

$$\omega = 2\pi f$$

Augenblickswerte der Spannung der Leiter L1; L2; L3

$$u_{L1} = \hat{u}\sin\omega t$$
$$u_{L2} = \hat{u}\sin(\omega t - \alpha)$$
$$u_{L3} = \hat{u}\sin(\omega t - 2\alpha)$$

α Phasenwinkel,
bei symmetrischem Drehstromsystem ist $\alpha = 120^{\circ}$

Effektivwert der Spannung

$$U = \frac{\hat{u}}{\sqrt{2}}$$

8

$$u_{L1}(t) + u_{L2}(t) + u_{L3}(t) = 0$$

Im symmetrischen Drehstromsystem ist die Summe der Augenblickswerte gleich null.

8.3 Zeigerdiagramm für komplexe Größen

Liniendiagramm und Zeigerdiagramm

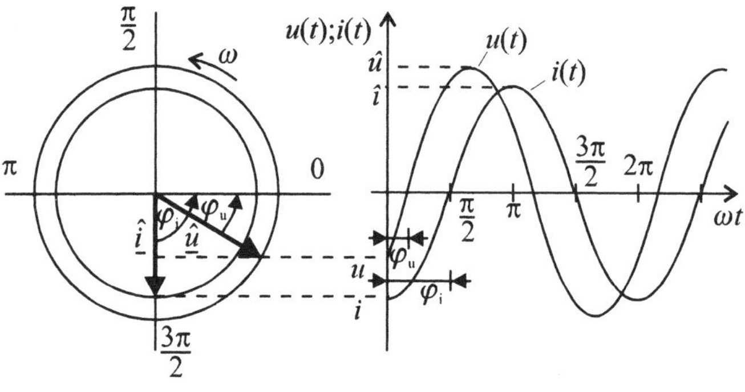

Zeiger- und Liniendiagramm für ohmsch-induktives Verhalten (Zeigerdiagramm für den Zeitpunkt $t = 0$) $\varphi_u = 30°$; $\varphi_i = 90°$.

Augenblickswert der Spannung und des Stromes

$$u(t) = \hat{u} \sin(\omega t - \varphi_u)$$
$$i(t) = \hat{i} \sin(\omega t - \varphi_i)$$

$\underline{\hat{u}}$; $\underline{\hat{i}}$	komplexe Drehzeiger
u; i	Realteil der komplexen Drehzeiger
φ_u; φ_i	Phasenwinkel der Drehzeiger zum Zeitpunkt $t = 0$
ω	Kreisfrequenz
T	Periodendauer

Hinweis:
In der elektrischen Energietechnik verwendet man in Zeigerdiagrammen an Stelle der Scheitelwertzeiger meist Effektivwertzeiger und bezeichnet diese z.B. mit $\underline{U}$ für die Spannung.

Zeigerdiagramme von Impedanzen

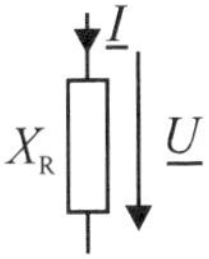

$$\underline{U} = R\,\underline{I}$$

$$X_R = R$$

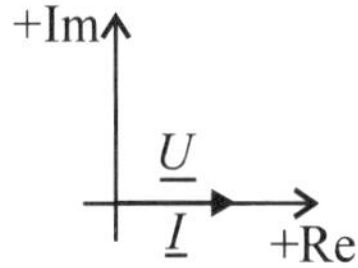

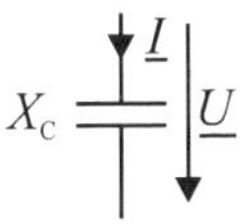

$$\underline{U} = \frac{1}{\mathrm{j}\omega C}\underline{I}$$

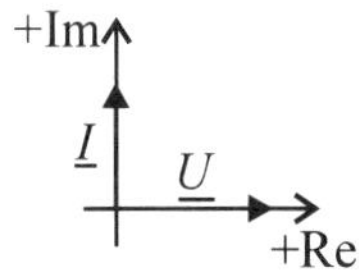

$$X_C = -\frac{1}{\omega C}$$

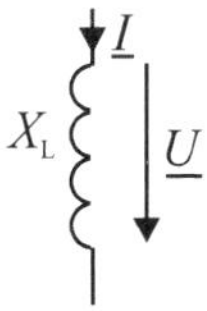

$$\underline{U} = \mathrm{j}\omega L\,\underline{I}$$

$$X_L = \omega L$$

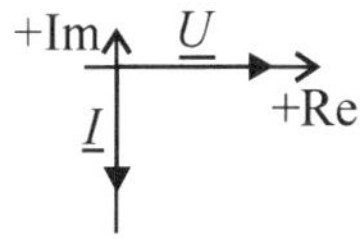

$\underline{U}$	komplexer Effektivwertzeiger der Spannung
$\underline{I}$	komplexer Effektivwertzeiger des Stromes
R	Wirkwiderstand, Resistanz
X_L	induktiver Blindwiderstand, Reaktanz
X_C	kapazitiver Blindwiderstand, Reaktanz
L	Induktivität
C	Kapazität
ω	Kreisfrequenz

8.4 Reihenschaltung von Impedanzen

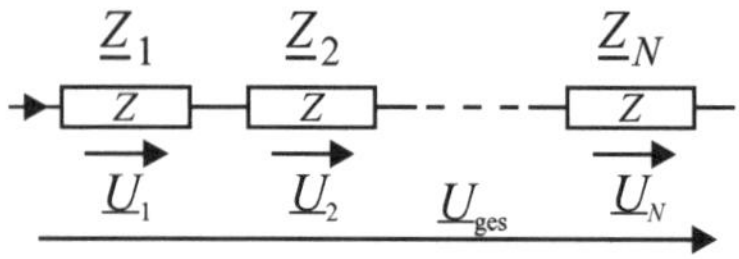

Komplexe Gesamtimpedanz

$$\underline{Z}_{\text{ges}} = \underline{Z}_1 + \underline{Z}_2 + \ldots + \underline{Z}_N = \sum_{i=1}^{N} \underline{Z}_i$$

Komplexe Gesamtspannung

$$\underline{U}_{\text{ges}} = \underline{U}_1 + \underline{U}_2 + \ldots + \underline{U}_N = \sum_{i=1}^{N} \underline{U}_i$$

Komplexer Spannungsteiler

$$\frac{\underline{U}_1}{\underline{U}_2} = \frac{\underline{Z}_1}{\underline{Z}_2} \qquad \frac{\underline{U}_1}{\underline{U}_{\text{ges}}} = \frac{\underline{Z}_1}{\underline{Z}_{\text{ges}}}$$

Bei der Reihenschaltung von Impedanzen teilen sich die Spannungen im Verhältnis der Impedanzen auf. Die Impedanzen addieren sich zur Gesamtimpedanz.

Reihenschwingkreis

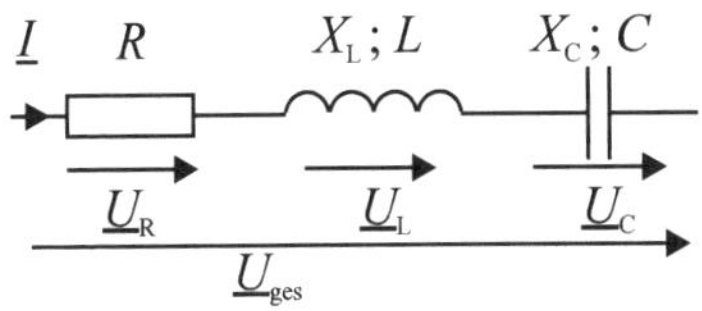

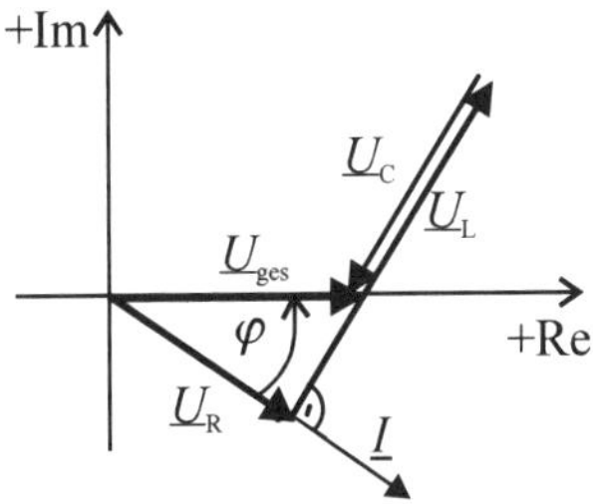

Kombiniertes Strom-Spannungs-Zeigerdiagramm für ohmsch-induktives Verhalten ($|X_L| > |X_C|$)

$\varphi = \varphi_u - \varphi_i$

Grundschwingungs-Leistungsfaktor

$$\cos\varphi = \frac{R}{|\underline{Z}_{ges}|} = \frac{|\underline{U}_R|}{|\underline{U}_{ges}|}$$

Komplexe Impedanz, allgemein

$$\underline{Z}_{ges} = R + j(X_L + X_C) \quad |\underline{Z}_{ges}| = \sqrt{R^2 + (\omega L - \frac{1}{\omega C})^2}$$

Resonanzbedingung ($\underline{Z}$ minimal); (Im { $\underline{Z}_{ges}$ } = 0)

$$\omega_{res} L - \frac{1}{\omega_{res} C} = 0 \Rightarrow \omega_{res} = \frac{1}{\sqrt{LC}}$$

ω_{res} Resonanzkreisfrequenz

8

Resonanzfrequenz

$$f_{\mathrm{res}} = \frac{1}{2\pi}\frac{1}{\sqrt{LC}}$$

Komplexe Gesamtspannung

$$\underline{U}_{\mathrm{ges}} = \underline{U}_{\mathrm{R}} + \underline{U}_{\mathrm{L}} + \underline{U}_{\mathrm{C}} \qquad \left|\underline{U}_{\mathrm{ges}}\right| = \sqrt{\left|\underline{U}_{\mathrm{R}}\right|^2 + \left|\underline{U}_{\mathrm{L}} + \underline{U}_{\mathrm{C}}\right|^2}$$

Gütefaktor

$$Q = \frac{1}{R}\sqrt{\frac{L}{C}}$$

Verlustfaktor

$$d = \frac{1}{Q}$$

Resonanzspannung

$$\left|\underline{U}_{\mathrm{resC}}\right| = \left|\underline{U}_{\mathrm{resL}}\right| = Q\left|\underline{U}_{\mathrm{ges}}\right|$$

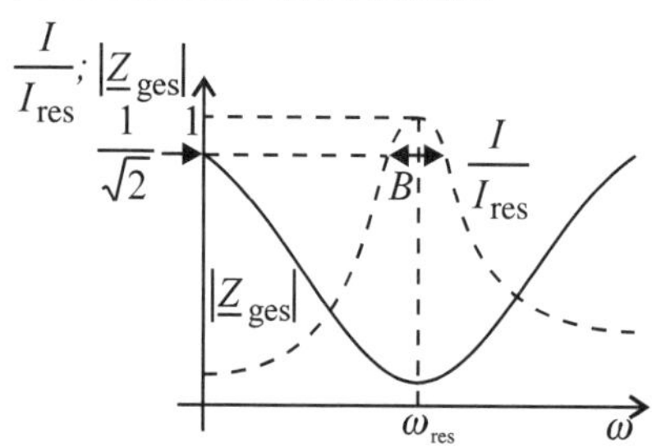

Frequenzabhängigkeit der Impedanz und des Stromes eines Reihenschwingkreises (I_{res} Bemessungsstrom)

Die Impedanz eines Reihenschwingkreises wird bei der Resonanzfrequenz $f_{res} = \omega_{res}/2\pi$ nur durch die Resistanz R begrenzt $\left(\left|\underline{Z}_{ges}\right| = R\right)$.

Verstimmung

$$v = \frac{\omega}{\omega_{res}} - \frac{\omega_{res}}{\omega}$$

Bandbreite

$$B = \frac{f_{res}}{Q}$$

Die Bandbreite ist definiert als der Bereich, in der die normierte Resonanzkurve des Stromes I/I_{res} auf den Wert $1/\sqrt{2}$ vom Maximalwert abfällt.

8

8.5 Parallelschaltung von Impedanzen

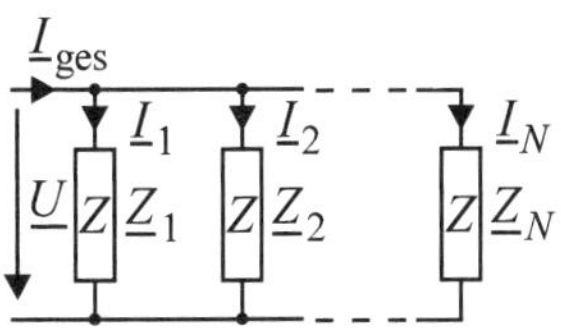

Komplexe Gesamtadmittanz (-scheinleitwert)

$$\underline{Y}_{ges} = \frac{1}{\underline{Z}_{ges}} = \frac{1}{\underline{Z}_1} + \frac{1}{\underline{Z}_2} + \ldots + \frac{1}{\underline{Z}_N} = \sum_{i=1}^{N} \frac{1}{\underline{Z}_i}$$

Komplexer Gesamtstrom

$$\underline{I}_{\text{ges}} = \underline{I}_1 + \underline{I}_2 + \ldots + \underline{I}_N = \sum_{i=1}^{N} \underline{I}_i$$

Komplexer Stromteiler

$$\frac{\underline{I}_1}{\underline{I}_2} = \frac{\underline{Y}_1}{\underline{Y}_2} \qquad \frac{\underline{I}_1}{\underline{I}_{\text{ges}}} = \frac{\underline{Y}_1}{\underline{Y}_{\text{ges}}}$$

Bei der Parallelschaltung von Impedanzen teilen sich die Ströme im reziproken Verhältnis der Impedanzen, also im Verhältnis der Admittanzen auf. Die Gesamtadmittanz berechnet sich aus der Summe der Einzeladmittanzen.

Parallelschwingkreis

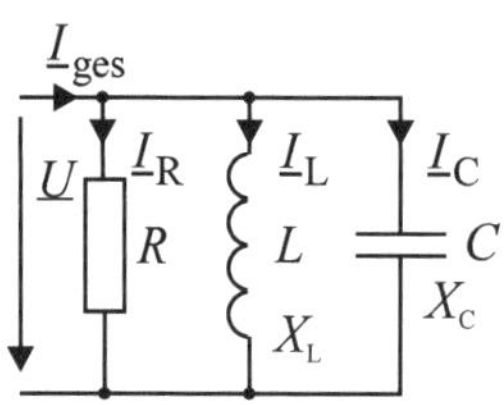

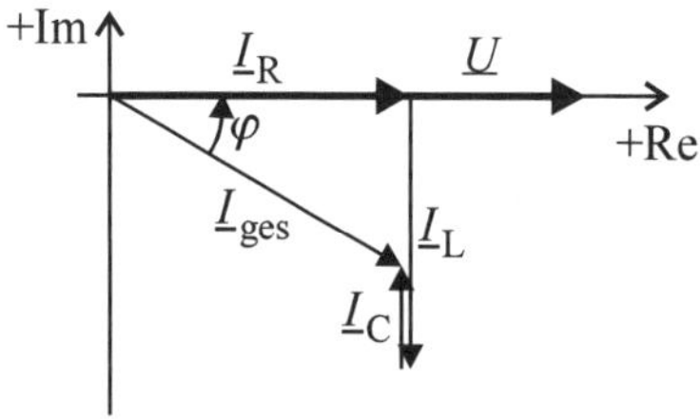

Kombiniertes Spannungs-Strom-Zeigerdiagramm für ohmsch-induktives Verhalten ($|X_L| > |X_C|$)

Grundschwingungs-Leistungsfaktor

$$\cos\varphi = \frac{\left|\underline{Z}_{\text{ges}}\right|}{R} = \frac{\left|\underline{I}_{\text{R}}\right|}{\left|\underline{I}_{\text{ges}}\right|}$$

Komplexe Admittanz, allgemein

$$\underline{Y}_{\text{ges}} = \frac{1}{R} - \text{j}\left(\frac{1}{X_{\text{L}}} + \frac{1}{X_{\text{C}}}\right) \qquad \left|\underline{Y}_{\text{ges}}\right| = \sqrt{\frac{1}{R^2} + \left(\frac{1}{\omega L} - \omega C\right)^2}$$

Resonanzbedingung ($\underline{Y}$ minimal); (Im $\{\underline{Y}_{\text{ges}}\} = 0$)

$$\frac{1}{\omega_{\text{res}} L} - \omega_{\text{res}} C = 0 \Rightarrow \omega_{\text{res}} = \frac{1}{\sqrt{LC}}$$

ω_{res} Resonanzkreisfrequenz

Resonanzfrequenz

$$f_{\text{res}} = \frac{1}{2\pi} \frac{1}{\sqrt{LC}}$$

8

Komplexer Gesamtstrom

$$\underline{I}_{\text{ges}} = \underline{I}_{\text{R}} + \underline{I}_{\text{L}} + \underline{I}_{\text{C}} \qquad \left|\underline{I}_{\text{ges}}\right| = \sqrt{\left|\underline{I}_{\text{R}}\right|^2 + \left|\underline{I}_{\text{L}} + \underline{I}_{\text{C}}\right|^2}$$

Gütefaktor

$$Q = R\sqrt{\frac{C}{L}}$$

Verlustfaktor

$$d = \frac{1}{Q}$$

Resonanzstrom

$$\left|\underline{I}_{\text{resC}}\right| = \left|\underline{I}_{\text{resL}}\right| = Q\left|\underline{I}_{\text{ges}}\right|$$

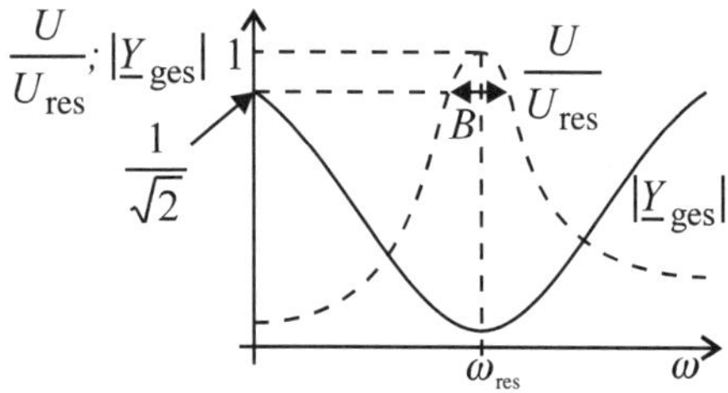

Frequenzabhängigkeit der Spannung und der Admittanz eines Parallelschwingkreises (U_{res} Bemessungsspannung)

Die Admittanz eines Parallelschwingkreises wird bei der Resonanzfrequenz $f_{\text{res}} = \omega_{\text{res}}/2\pi$ nur durch die Resistanz R begrenzt ($\underline{Y}_{\text{ges}} = 1/R$).

Verstimmung

$$v = \frac{\omega}{\omega_{\text{res}}} - \frac{\omega_{\text{res}}}{\omega}$$

Bandbreite

$$B = \frac{f_{\text{res}}}{Q}$$

Die Bandbreite ist definiert als der Bereich, in der die normierte Resonanzkurve der Spannung U/U_{res} auf den Wert $1/\sqrt{2}$ vom Maximalwert abfällt.

8.6 Äquivalente Schaltungen

Stern-Dreieck-Transformation

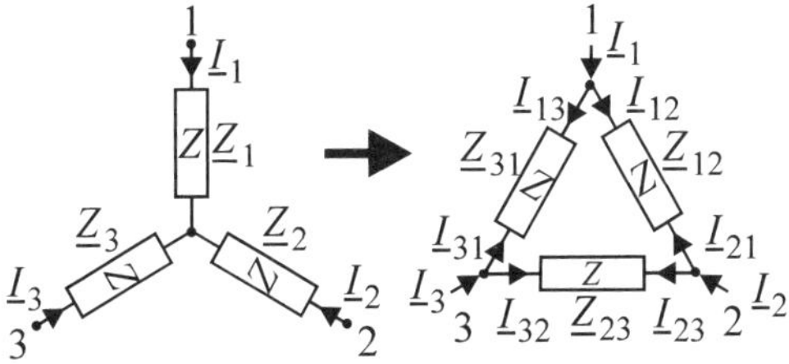

$$\underline{Z}_{12} = \frac{\underline{Z}_1 \underline{Z}_2 + \underline{Z}_1 \underline{Z}_3 + \underline{Z}_2 \underline{Z}_3}{\underline{Z}_3}$$

$$\underline{Z}_{31} = \frac{\underline{Z}_1 \underline{Z}_2 + \underline{Z}_1 \underline{Z}_3 + \underline{Z}_2 \underline{Z}_3}{\underline{Z}_2}$$

$$\underline{Z}_{23} = \frac{\underline{Z}_1 \underline{Z}_2 + \underline{Z}_1 \underline{Z}_3 + \underline{Z}_2 \underline{Z}_3}{\underline{Z}_1}$$

$$\underline{I}_{12} = \frac{\underline{I}_1 \underline{Z}_1 - \underline{I}_2 \underline{Z}_2}{\underline{Z}_{12}} = -\underline{I}_{21}$$

$$\underline{I}_{31} = \frac{\underline{I}_3 \underline{Z}_3 - \underline{I}_1 \underline{Z}_1}{\underline{Z}_{31}} = -\underline{I}_{13}$$

$$\underline{I}_{23} = \frac{\underline{I}_2 \underline{Z}_2 - \underline{I}_3 \underline{Z}_3}{\underline{Z}_{23}} = -\underline{I}_{32}$$

8

Dreieck-Stern-Transformation

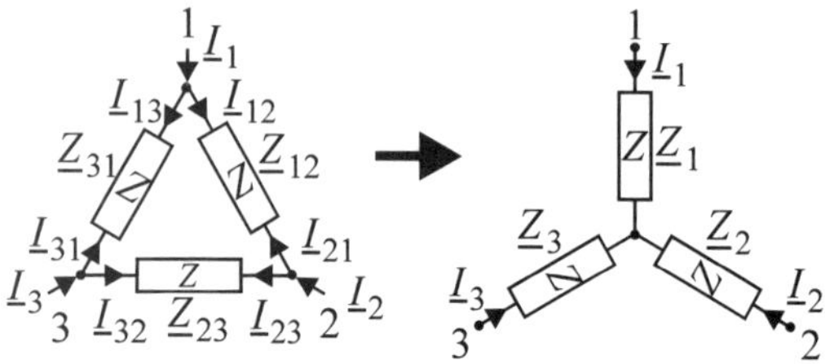

$$\underline{Z}_1 = \frac{\underline{Z}_{12}\,\underline{Z}_{31}}{\underline{Z}_{12} + \underline{Z}_{23} + \underline{Z}_{31}}$$

$$\underline{Z}_2 = \frac{\underline{Z}_{12}\,\underline{Z}_{23}}{\underline{Z}_{12} + \underline{Z}_{23} + \underline{Z}_{31}}$$

$$\underline{Z}_1 = \frac{\underline{Z}_{31}\,\underline{Z}_{23}}{\underline{Z}_{12} + \underline{Z}_{23} + \underline{Z}_{31}}$$

$$\underline{I}_1 = \underline{I}_{12} + \underline{I}_{13}$$
$$\underline{I}_2 = \underline{I}_{21} + \underline{I}_{23}$$
$$\underline{I}_3 = \underline{I}_{31} + \underline{I}_{32}$$

Äquivalenz von Reihen- und Parallelschaltung

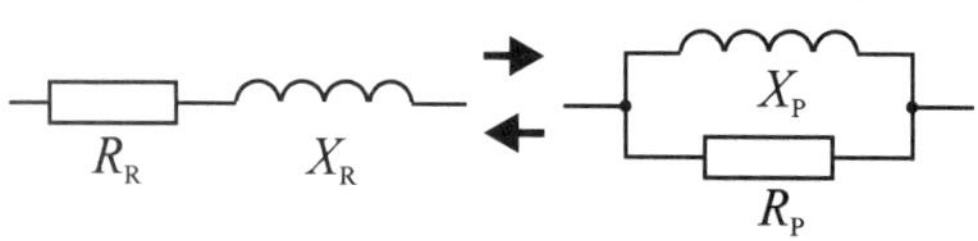

$$R_R = \frac{R_P X_P^2}{R_P^2 + X_P^2}$$

$$R_P = \frac{R_R^2 + X_R^2}{R_R}$$

$$X_{\mathrm{R}} = \frac{R_{\mathrm{P}}^2 X_{\mathrm{P}}}{R_{\mathrm{P}}^2 + X_{\mathrm{P}}^2}$$

$$X_{\mathrm{P}} = \frac{R_{\mathrm{R}}^2 + X_{\mathrm{R}}^2}{X_{\mathrm{R}}}$$

8.7 Leistung und Arbeit

Komplexe Scheinleistung

$$\underline{S} = \underline{U}\,\underline{I}^* = UI\,\mathrm{e}^{\mathrm{j}(\varphi_{\mathrm{U}}-\varphi_{\mathrm{I}})} = UI\,\mathrm{e}^{\mathrm{j}\varphi}$$ allgemein

$$\underline{S} = P + \mathrm{j}Q$$

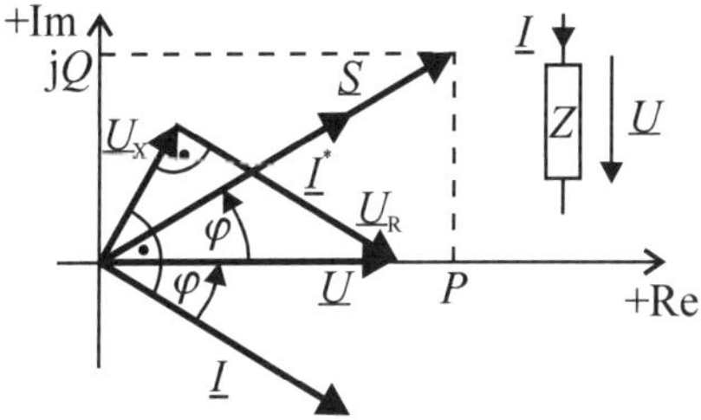

Kombiniertes Strom-Spannungs-Zeigerdiagramm für ohmsch-induktives Verhalten ($\varphi_{\mathrm{U}} = 0°$; $\varphi_{\mathrm{I}} = 30°$); alle Größen sind als Effektivwertzeiger dargestellt.

Effektivwert der Scheinleistung

$$S = UI$$ Wechselstromnetz

$$S = 3U_{\mathrm{LE}}I$$
$$S = \sqrt{3}\,U_{\mathrm{LL}}I$$ Drehstromnetz

8

U; U_{LE} Außenleiter-Erd-Spannung
U_{LL} Außenleiter-Spannung

Grundschwingungs-Leistungsfaktor

$$\cos\varphi = \frac{P}{S}$$

Momentane Leistung

$$p(t) = u(t)\, i(t)$$

Wirkleistung und mittlere Leistung

$$\overline{p} = \frac{1}{T}\int_0^T u(t)\, i(t)\, \mathrm{d}t$$ allgemein

$\overline{p}$ Mittelwert der Leistung (Wirkleistung P)

Wirkleistung

$$P = \mathrm{Re}\{\underline{S}\}$$ allgemein

$$P = UI\cos\varphi$$

$$P = UI\cos(\varphi_{\text{U}} - \varphi_{\text{I}})$$ Strom und Spannung gleichfrequent

Hinweis:
Der zeitliche Verlauf der momentanen Leistung $p(t)$ schwingt mit der doppelten Frequenz um die mittlere Leistung $\overline{p}$ kurz Wirkleistung P genannt.

Blindleistung

$$Q = \mathrm{Im}\{\underline{S}\}$$ allgemein

$\underline{S}$ komplexe Scheinleistung

$$Q = UI \sin\varphi$$

$$Q = UI \sin(\varphi_U - \varphi_I)$$ Strom und Spannung gleichfrequent

Hinweis:
Die Blindleistung pendelt mit dem Betrag von Q mit der doppelten Frequenz um den arithmetischen Mittelwert null.

Liniendiagramme

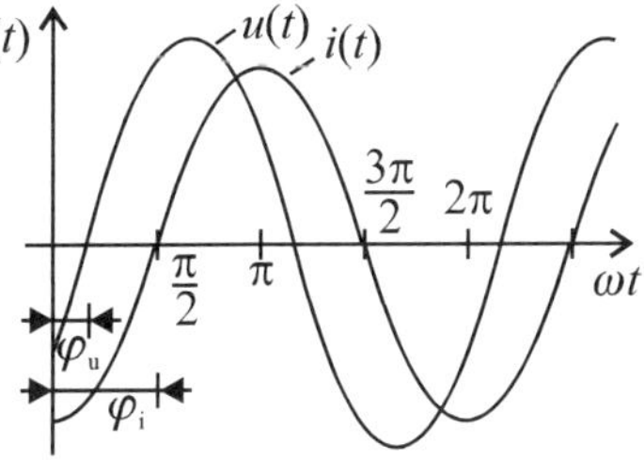

Liniendiagramm des Stromes und der Spannung für ohmsch-induktives Verhalten

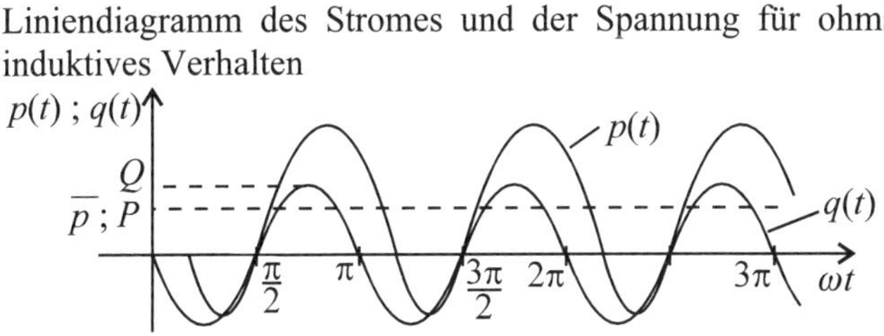

Liniendiagramm der momentanen Leistung $p(t)$ und der Blindleistung $q(t)$.

Hinweis:

Die Blindleistung $|Q| = \sqrt{S^2 - P^2}$ ist im Verbraucherzählpfeilsystem positiv, wenn der Strom der Spannung nacheilt ($\varphi = \varphi_U - \varphi_I$ zwischen 0° und 180°). Dies ist für ohmsch-induktives Verhalten (0° < φ < 90°) gegeben. Die Blindleistung ist negativ, wenn die Spannung dem Strom nacheilt ($\varphi = \varphi_U - \varphi_I$ zwischen 0° und −180°) Dies ist für ohmsch-kapazitives Verhalten (0° > φ > −90°) gegeben.

Arbeit

$$W = \int_0^T P(t)\,\mathrm{d}t$$

$P(t)$ Leistung
T Zeitraum

Hinweis:
$P(t)$ ist der beliebige Verlauf der mittleren Leistung $\overline{p}$ (identisch der Wirkleistung P) im Zeitraum $0 \le t \le T$.

9 Elektrische Maschinen

9.1 Gleichstrommaschine

Drehmomentgleichung

$$M = kI\Phi$$

Spannungsgleichung

$$U_i = k\omega\Phi$$

M	Drehmoment	Φ	magnetischer Fluss
I	Läuferstrom	k	Maschinenkonstante
U_i	induzierte Spannung	ω	Kreisfrequenz

Hinweis:

Soweit nicht anderweitig angegeben, gelten diese Berechnungsgleichungen für alle Gleichstrommaschinen.

9.2 Fremderregte Gleichstrommaschine

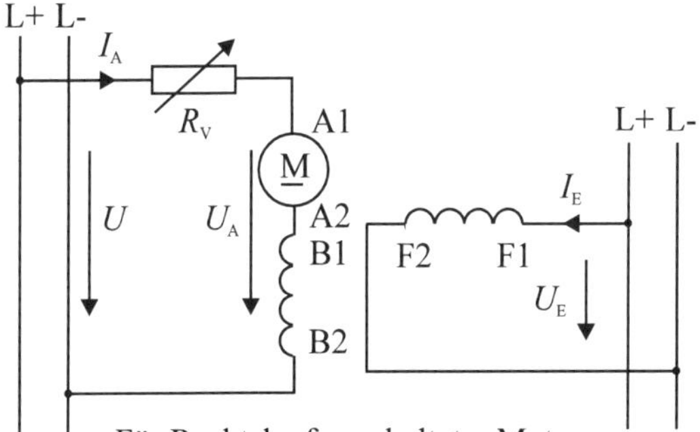

Für Rechtslauf geschalteter Motor

Induzierte Spannung

$$U_{\mathrm{i}} = k_2\, n \Phi$$

k_2 Maschinenkonstante
Φ magnetischer Fluss

Klemmenspannung

$$U = U_{\mathrm{i}} + I_{\mathrm{A}}(R_{\mathrm{A}} + R_{\mathrm{V}} + R_{\mathrm{B}} + R_{\mathrm{W}})$$

I_{A} Ankerstrom
R_{A} Resistanz des Ankerkreises
R_{V} veränderliche Resistanz im Ankerkreis (Anlasswiderstand)
R_{B} Bürstenresistanz
R_{W} Resistanz der Wendepolwicklung

Drehzahl

$$n_0 = \frac{U}{k_2 \Phi} \qquad \text{Leerlauf}$$

$$n = n_0\left(1 - \frac{I_{\mathrm{A}}(R_{\mathrm{A}} + R_{\mathrm{V}} + R_{\mathrm{B}} + R_{\mathrm{W}})}{U}\right) \qquad \text{Belastung}$$

Leistungswirkungsgrad

$$\eta = \frac{P_{\mathrm{mech}}}{U I_{\mathrm{A}} + U_{\mathrm{E}} I_{\mathrm{E}}}$$

P_{mech} mechanische Leistung
U Spannung des speisenden Netzes
U_{E} Erregerspannung
I_{A} Ankerstrom
I_{E} Erregerstrom

Einschaltstrom

$$I_S = \frac{U}{R_A + R_V + R_B + R_W}$$

Drehmoment

$$M_S = M \frac{U}{I_A (R_A + R_V + R_B + R_W)}$$ Einschaltmoment

$$M = k_1 \, I_A \, \Phi$$

$$\frac{M_1}{M_2} = \frac{I_{A1}}{I_{A2}}$$ allgemein

Die Drehmomente bei unterschiedlichen Betriebszuständen 1 und 2 verhalten sich wie die Ankerströme.

9.3 Gleichstrom-Nebenschlussmaschine

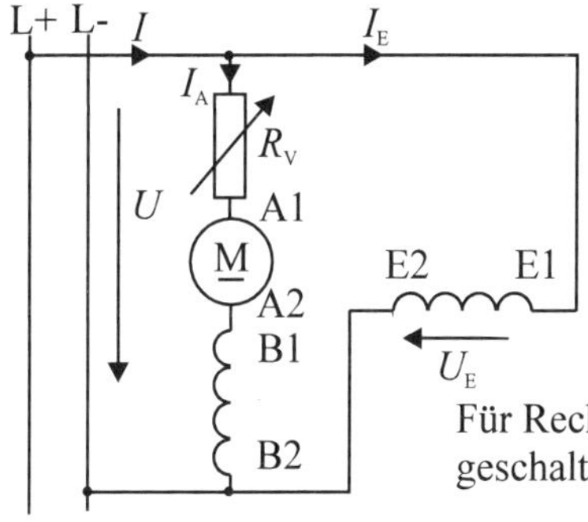

Für Rechtslauf geschalteter Motor

9

Induzierte Spannung

$$U_\mathrm{i} = k_2 n \Phi$$

k_2 Maschinenkonstante
Φ magnetischer Fluss

Klemmenspannung

$$U = U_\mathrm{i} + I_\mathrm{A}(R_\mathrm{A} + R_\mathrm{V} + R_\mathrm{B} + R_\mathrm{W})$$

I_A Ankerstrom
R_A Resistanz des Ankerkreises
R_V veränderliche Resistanz im Ankerkreis (Anlasswiderstand)
R_B Bürstenresistanz
R_W Resistanz der Wendepolwicklung

Drehzahl

$$n_0 = \frac{U}{k_2 \Phi} \quad \text{Leerlauf}$$

$$n = n_0 \left(1 - \frac{I_\mathrm{A}(R_\mathrm{A} + R_\mathrm{V} + R_\mathrm{B} + R_\mathrm{W})}{U}\right) \quad \text{Belastung}$$

Leistungswirkungsgrad

$$\eta = \frac{P_\mathrm{mech}}{UI}$$

P_mech mechanische Leistung

Einschaltstrom

$$I_S = \frac{U}{R_A + R_V + R_B + R_W} + \frac{U}{R_E}$$

R_E Resistanz des Erregerkreises

Drehmoment

$$M_S = M \frac{U}{I_A(R_A + R_V + R_B + R_W)}$$ Einschaltmoment

$$M = k_1 I_A \Phi$$

$$\frac{M_1}{M_2} = \frac{I_{A1}}{I_{A2}}$$ allgemein

Die Drehmomente bei unterschiedlichen Betriebszuständen 1 und 2 verhalten sich wie die Ankerströme.

9

9.4 Gleichstrom-Reihenschlussmaschine

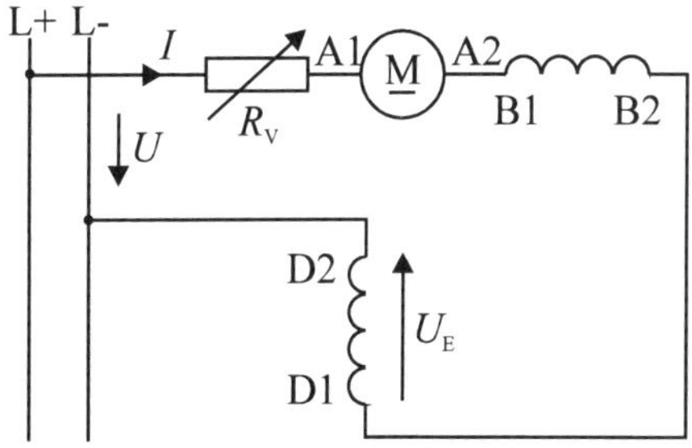

Für Rechtslauf geschalteter Motor

Klemmenspannung

$$U = U_{\mathrm{i}} + I(R_{\mathrm{A}} + R_{\mathrm{E}} + R_{\mathrm{V}} + R_{\mathrm{B}} + R_{\mathrm{W}})$$

U_{i} induzierte Spannung
I Netzstrom, Ankerstrom, Erregerstrom
R_{A} Resistanz des gesamten Ankerkreises
R_{E} Resistanz der Erregerwicklung
R_{V} veränderliche Resistanz im Ankerkreis (Anlasswiderstand)
R_{B} Bürstenresistanz
R_{W} Resistanz der Wendepolwicklung

Leistungswirkungsgrad

$$\eta = \frac{P_{\mathrm{mech}}}{UI}$$

P_{mech} mechanische Leistung

Einschaltstrom

$$I_{\mathrm{S}} = \frac{U}{R_{\mathrm{A}} + R_{\mathrm{E}} + R_{\mathrm{V}} + R_{\mathrm{B}} + R_{\mathrm{W}}}$$

Drehmoment

$$M_{\mathrm{S}} = k\left(\frac{U}{R_{\mathrm{A}} + R_{\mathrm{E}} + R_{\mathrm{B}} + R_{\mathrm{W}}}\right)^2$$ Einschaltmoment

k Maschinenkonstante

$$\frac{M_1}{M_2} = \left(\frac{I_1}{I_2}\right)^2$$ allgemein

9.5 Gleichstrom-Doppelschlussmaschine

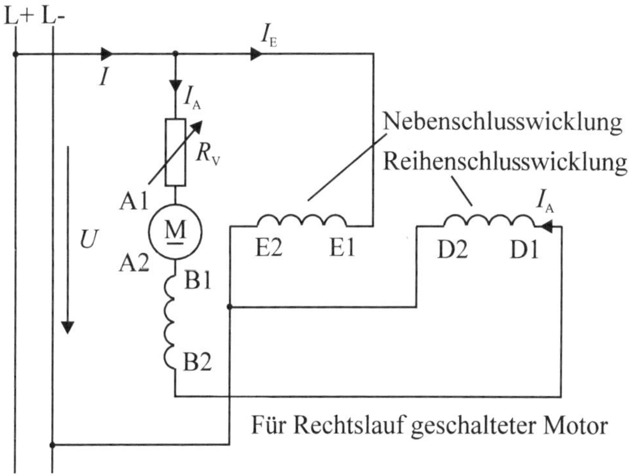

Für Rechtslauf geschalteter Motor

Induzierte Spannung

$$U_i = k\,n(\Phi_P \pm \Phi_R)$$

n Drehzahl

k Maschinenkonstante

$\Phi_P; \Phi_R$ magnetischer Fluss der Parallel-(Nebenschluss-) bzw. der Reihen-(Reihenschluss-)Wicklung

Einschaltstrom

$$I_S = \frac{U}{R_A + R_{ER} + R_V + R_B + R_W} + \frac{U}{R_{EP}}$$

R_A Resistanz des Ankerkreises

R_V veränderliche Resistanz im Ankerkreis (Anlasswiderstand)

R_{EP}; R_{ER} Resistanz der Nebenschluss- bzw. der Reihenschlusswicklung

R_B Bürstenresistanz

R_W Resistanz der Wendepolwicklung

Leistungswirkungsgrad

$$\eta = \frac{P_{mech}}{UI}$$

P_{mech} mechanische Leistung

9.6 Asynchronmaschine

Drehzahl und Schlupf

$$n_s = \frac{f_1}{p}$$

$$s = \frac{n_s - n}{n_s} \cdot 100\,\%$$

n_s synchrone Drehzahl, Drehzahl des Ständerdrehfeldes

n Drehzahl des Läuferdrehfeldes

f_1 Frequenz der Ständerspannung

p Polpaarzahl

Drehmoment

$$M_\mathrm{k} = \frac{M}{2} \cdot \left(\frac{s}{s_\mathrm{k}} + \frac{s_\mathrm{k}}{s} \right)$$ Kippmoment

$$\frac{M_\mathrm{k1}}{M_\mathrm{k2}} = \left(\frac{U_\mathrm{S1}}{U_\mathrm{S2}} \right)^2$$ allgemein

$$M = k \Phi I_\mathrm{L} \cos \varphi$$

s; s_k Schlupf; Kippschlupf
M_k Kippdrehmoment
M_k1; M_k2 Kippdrehmomente bei den Ständerspannungen U_S1 bzw. U_S2
cos φ Leistungsfaktor des Ständerstromkreises
I_L Läuferstrom

Induzierte Spannung im Läufer

$$U_\mathrm{i} = k \Phi n_\mathrm{s} s$$

9

Läuferstrom

$$I_\mathrm{L} = \frac{U_\mathrm{i}}{Z}$$

Φ magnetischer Fluss
k Maschinenkonstante
Z Impedanz des Läufers

Drehmomentkennlinie

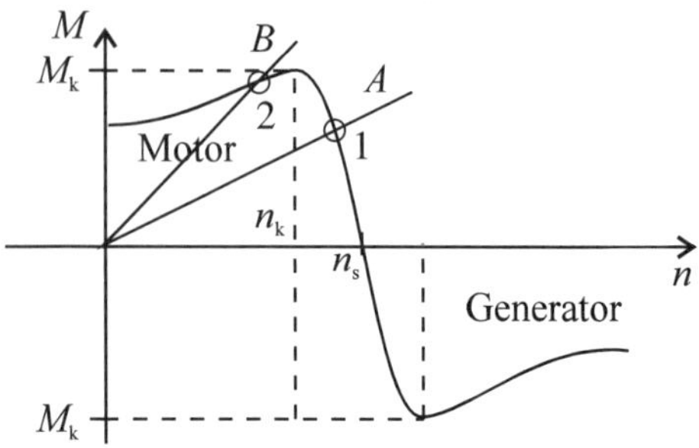

A	Drehmomentkennlinie einer Arbeitsmaschine A, 1: stabiler Arbeitspunkt
B	Drehmomentkennlinie einer Arbeitsmaschine B, 2: instabiler Arbeitspunkt
n_s	synchrone Drehzahl

9.7 Synchronmaschine

Synchrone Drehzahl

$$n_s = \frac{f_1}{p}$$

f_1	Netzfrequenz
p	Polpaarzahl

Wirkleistung

$$P = 3U_{\curlywedge} I \cos\varphi$$

$$P = 3U_{\curlywedge} \frac{U_p}{X_d} \sin\vartheta$$

$U_{\curlywedge}$	Außenleiter-Erd-Spannung
U_p	Polradspannung
X_d	synchrone Reaktanz
ϑ	Polradwinkel
I	Ständerstrom
$\cos\varphi$	Grundschwingungs-Leistungsfaktor

Stromdiagramm und Betriebsbereich

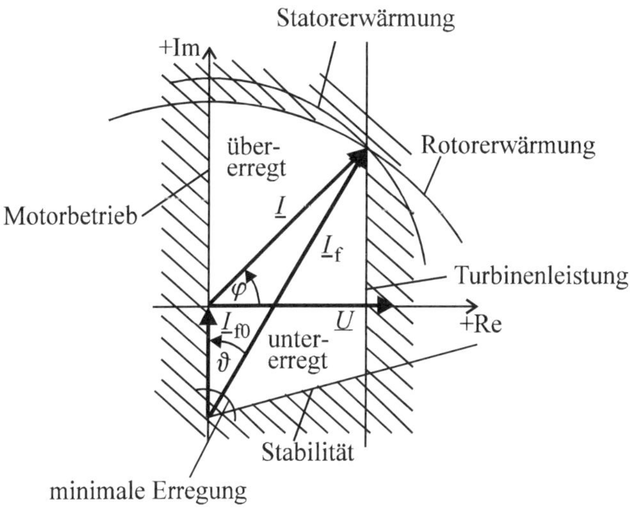

Kombiniertes Strom-Spannungs-Zeigerdiagramm der Synchronmaschine (Turbogenerator) mit Grenzen des Betriebsbereichs im Erzeugerzählpfeilsystem

I_f	Erregerstrom, auf Stator bezogen
I_{f0}	Leerlauferregerstrom

9

9.8 Transformator

Streuungsfreier Transformator

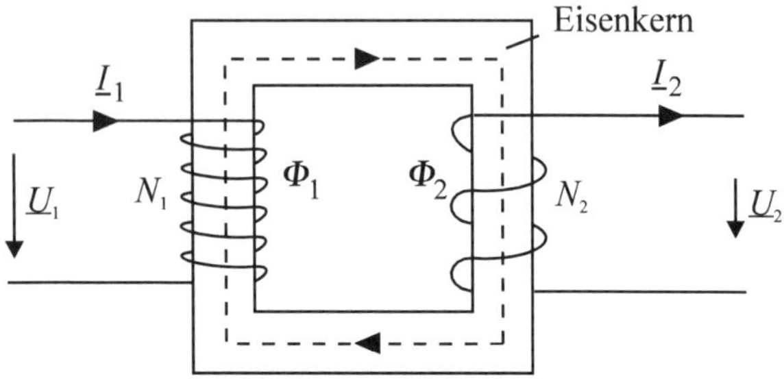

Grundgleichungen der Leerlaufspannungen

$$U_{01} = \frac{2\pi}{\sqrt{2}} \hat{B} A k_{\mathrm{fe}} f N_1$$

$$U_{02} = \frac{2\pi}{\sqrt{2}} \hat{B} A k_{\mathrm{fe}} f N_2$$

A	Querschnitt des Eisenkerns
k_{fe}	Füllfaktor des Eisens
f	Frequenz
$N_1; N_2$	Windungszahlen
$\hat{B}$	Amplitude der magnetischen Flussdichte

Übersetzungsverhältnis

$$\frac{|\underline{U}_1|}{|\underline{U}_2|} = \frac{N_1}{N_2} = \ddot{u}$$

$$\frac{|\underline{I}_1|}{|\underline{I}_2|} = \frac{N_2}{N_1} = \frac{1}{\ddot{u}}$$

Die Leerlaufspannungen des Transformators verhalten sich wie die Windungszahlen, die Ströme verhalten sich umgekehrt zu den Windungszahlen.

Ersatzschaltbild des Wechselstrom- und Drehstromtransformators

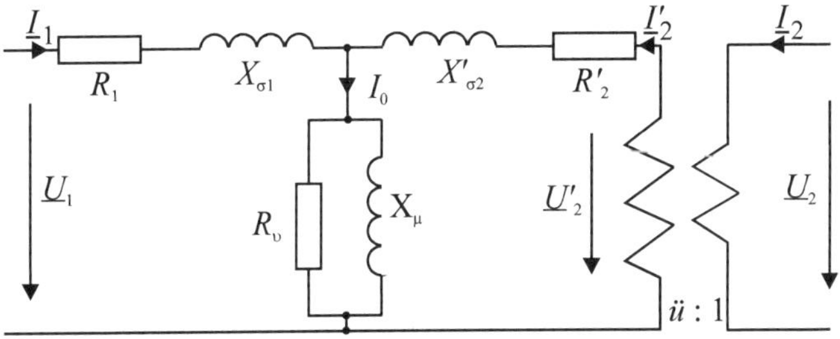

Ersatzschaltbild eines Wechselstromtransformators

Die Streureaktanz $X_{\sigma 2}$ und die Wicklungsresistanz R_2 der Seite 2 sind auf die Seite 1 umgerechnet. Es gilt $R_2' = R_2 \cdot \ddot{u}^2$ und $X_{\sigma 2}' = X_{\sigma 2} \cdot \ddot{u}^2$.

Hinweis:

In der Energietechnik verwendet man auch anstelle der Bezeichnungen 1 (primär) und 2 (sekundär) die Bezeichnungen OS (Oberspannung) und US (Unterspannung).

9

$R_1; R_2$ Resistanz der Wicklungen 1 bzw. 2 (auch $R_{\text{Cu1}}; R_{\text{Cu2}}$)

R_v Resistanz zur Nachbildung der Eisenverluste (auch R_{Fe})

$X_{\sigma 1}; X_{\sigma 2}$ Streureaktanz der Wicklung 1 bzw. 2

X_μ Hauptreaktanz

Hinweis:
Zur Beschreibung des Drehstromtransformators verwendet man das Ersatzschaltbild im Mit-, Gegen- und Nullsystem. Das Ersatzschaltbild im Mitsystem (= Gegensystem) ist mit dem Ersatzschaltbild des Wechselstromtransformators identisch.

Messung des Ersatzschaltbildes für Kurzschluss

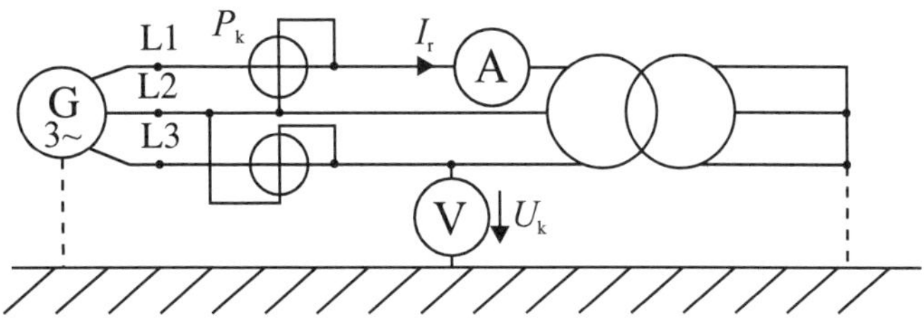

Messung der Kurzschlussverluste und der Kurzschlussspannung am Beispiel eines Zweiwicklungs-Drehstromtransformators

Relative Kurzschlussspannung in %

$$u_k = \frac{U_k}{\frac{U_r}{\sqrt{3}}} \cdot 100\,\% \qquad \text{für } I = I_r$$

U_k Kurzschlussspannung in V
U_r Bemessungsspannung in V
I_r Bemessungsstrom

Verluste und Wicklungsresistanz

$$R_{\mathrm{Cu}} = \frac{P_{\mathrm{k}}}{3I_{\mathrm{r}}^2} \approx R_1 + R_2'$$

P_{k} Kurzschlusswirkverluste

Kurzschlussreaktanz

$$X_{\mathrm{k}} = \sqrt{Z_{\mathrm{k}}^2 - R_{\mathrm{Cu}}^2} \approx X_{\sigma 1} + X_{\sigma 2}'$$

mit $Z_{\mathrm{k}} = \frac{U_{\mathrm{k}}\, U_{\mathrm{r}}}{S_{\mathrm{r}}}$

S_{r} Bemessungsleistung

Messung des Ersatzschaltbildes für Leerlauf

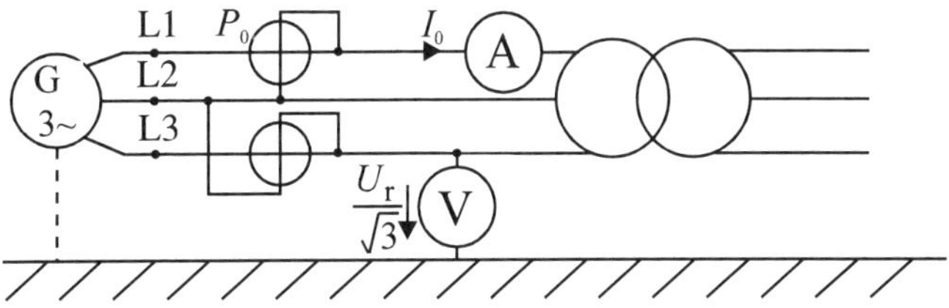

Messung der Leerlaufverluste und des Leerlaufstromes am Beispiel eines Zweiwicklungs-Drehstromtransformators

Relativer Leerlaufstrom in %

$$i_0 = \frac{I_0}{I_{\mathrm{r}}} \cdot 100\,\%$$

für $U = U_{\mathrm{r}}$

I_{r} Bemessungsstrom in A
I_0 Leerlaufstrom in A

9

Eisenresistanz und Leerlaufverluste

$$R_{\mathrm{Fe}} = \frac{3\left(\dfrac{U_{\mathrm{r}}}{\sqrt{3}}\right)^2}{P_0} \approx R_\nu$$

P_0 Leerlaufwirkverluste
U_{r} Bemessungsspannung

Leerlaufreaktanz

$$X_0 = \frac{R_{\mathrm{Fe}} Z_0}{\sqrt{R_{\mathrm{Fe}}^2 - Z_0^2}} \approx X_\mu$$

mit $Z_0 = \dfrac{U_{\mathrm{r}}}{\sqrt{3}\, I_0}$

10 Elektrische Netze

10.1 Symmetrische Komponenten

Transformation von Spannungen und Strömen

$$\begin{bmatrix} \underline{U}_0 \\ \underline{U}_1 \\ \underline{U}_2 \end{bmatrix} = \frac{1}{3} \begin{bmatrix} 1 & 1 & 1 \\ 1 & \underline{a} & \underline{a}^2 \\ 1 & \underline{a}^2 & \underline{a} \end{bmatrix} \cdot \begin{bmatrix} \underline{U}_{L1} \\ \underline{U}_{L2} \\ \underline{U}_{L3} \end{bmatrix}$$

$$\begin{bmatrix} \underline{U}_{L1} \\ \underline{U}_{L2} \\ \underline{U}_{L3} \end{bmatrix} = \begin{bmatrix} 1 & 1 & 1 \\ 1 & \underline{a}^2 & \underline{a} \\ 1 & \underline{a} & \underline{a}^2 \end{bmatrix} \cdot \begin{bmatrix} \underline{U}_0 \\ \underline{U}_1 \\ \underline{U}_2 \end{bmatrix}$$

$\underline{U}_0 ; \underline{U}_1 ; \underline{U}_2$ Spannungen des Null-, Mit- und Gegensystems

$\underline{U}_{L1} ; \underline{U}_{L2} ; \underline{U}_{L3}$ Außenleiter-Erdspannungen der drei Leiter des Drehstromsystems

$\underline{a}$ Drehoperator $\underline{a} = e^{j120°} = -\frac{1}{2} + j\frac{1}{2}\sqrt{3}$

$\underline{a}^2$ Drehoperator $\underline{a}^2 = e^{j240°} = -\frac{1}{2} - j\frac{1}{2}\sqrt{3}$

Hinweis:
Die oben genannten Transformationen der Spannungen vom Drehstrom-System in die symmetrischen Komponenten und umgekehrt gelten auch für Ströme.

Messung der symmetrischen Komponenten von Betriebsmitteln

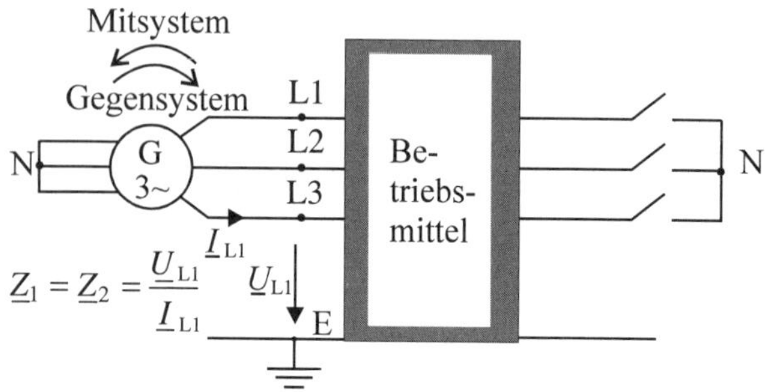

Anordnung zur Messung der Impedanz des Mit- bzw. Gegensystems

Hinweis:
Das Mitsystem wird zur Beschreibung symmetrischer Vorgänge des Drehstromsystems verwendet. Das Gegensystem dient zusätzlich zum Mitsystem zur Beschreibung unsymmetrischer Vorgänge.

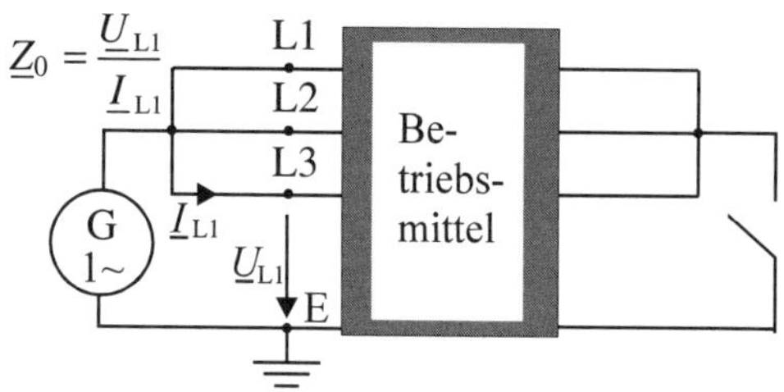

Anordnung zur Messung der Impedanz des Nullsystems

Hinweis:
Das Nullsystem wird zusätzlich zum Mit- und Gegensystem zur Beschreibung unsymmetrischer Vorgänge des Drehstromsystems

mit Beteiligung der Rückleitung über Erde als viertem Leiter (z.B. bei einpoligen Kurzschlüssen) verwendet.

10.2 Berechnung der Parameter von Betriebsmitteln

Reaktanz und fiktive Ständerresistanz einer Synchronmaschine

$$X_G = \frac{x_d'' U_{rG}^2}{100\,\% \cdot S_{rG}}$$

$$R_{sG} = 0{,}05\, X_G\,;\quad S_{rG} \geq 100\,\text{MVA};\; U_{rG} > 1\,\text{kV}$$

$$R_{sG} = 0{,}07\, X_G\,;\quad S_{rG} < 100\,\text{MVA};\; U_{rG} > 1\,\text{kV}$$

$$R_{sG} = 0{,}12\, X_G \qquad U_{rG} \leq 1\,\text{kV}$$

x_d'' gesättigtc subtransiente Reaktanz in %

S_{rG} Bemessungsscheinleistung

U_{rG} Bemessungsspannung

Die Impedanzen von Generatoren und Kraftwerkseinspeisungen sind für die Kurzschlussstromberechnung nach VDE 0102 Abschnitt 3.6 bzw. 3.7 mit Korrekturfaktoren zu versehen.

Impedanz, Resistanz und Reaktanz eines Drehstromtransformators

$$Z_T = \frac{u_{kr}\, U_{rT}^2}{100\,\% \cdot S_{rT}} \qquad R_T = \frac{u_{Rr}\, U_{rT}^2}{100\,\% \cdot S_{rT}}$$

$$X_T = \sqrt{Z_T^2 - R_T^2}$$

U_{rT} Bemessungsspannung OS- oder US-Seite

S_{rT} Bemessungsscheinleistung

10

u_{kr} relative Bemessungs-Kurzschlussspannung in %
u_{Rr} relative Kurzschlussverluste in % (Bemessungswert)

Die Impedanzen von Netztransformatoren sind für die Kurzschlussstromberechnung gemäß VDE 0102 Abschnitt 3.3.3 mit Korrekturfaktoren zu versehen.

Reaktanz und Resistanz einer Asynchronmaschine

$$X_M = \frac{I_{rM}}{I_{an}} \cdot \frac{U_{rM}^2}{S_{rM}}$$

$$R_M = 0{,}1\, X_M \qquad P_{rMp} \geq 1\,\text{MW} \qquad U_{rM} > 1\text{kV}$$

$$R_M = 0{,}15\, X_M \qquad P_{rMp} < 1\,\text{MW} \qquad U_{rM} > 1\text{kV}$$

$$R_M = 0{,}42\, X_M \qquad U_{rM} \leq 1\text{kV}$$

S_{rM} Bemessungsscheinleistung; $S_{rM} = P_{rM}/(h \cos j_r)$
P_{rM} Bemessungswirkleistung
η Wirkungsgrad
$\cos \varphi_r$ Grundschwingungs-Bemessungsleistungsfaktor
I_{an} Motor-Anzugsstrom
I_{rM} Motor-Bemessungsstrom
P_{rMp} Bemessungsleistung je Polpaar
U_{rM} Bemessungsspannung

Reaktanz einer Kurzschlussstrom-Begrenzungsdrosselspule

$$X_D = \frac{u_r U_{rD}^2}{100\,\% \cdot S_{rD}}$$

S_{rD} Bemessungs-Durchgangsscheinleistung

$$S_{rD} = \sqrt{3}\, U_{rD}\, I_{rD}$$

I_{rD} Bemessungsstrom

U_{rD} Bemessungsspannung
u_r relativer Bemessungsspannungsfall

Die Resistanz der KS-Begrenzungsdrosselspule ist im Allgemeinen vernachlässigbar klein.

Reaktanz und Resistanz eines Netzes am Anschlusspunkt Q

$$X_Q = 0{,}995 \cdot \frac{1{,}1 U_{nQ}^2}{S''_{kQ}}$$

$$R_Q = 0{,}1\, X_Q$$

S''_{kQ} Anfangskurzschlusswechselstromleistung
U_{nQ} Netznominalspannung

Reaktanz einer Spule, eines Kondensators

$$X = \frac{U_r^2}{S_r}$$

U_r Bemessungsspannung
S_r Bemessungsscheinleistung der Spule, des Kondensators

Reaktanz und Resistanz einer Last

$$X_L = \frac{U_n^2}{Q_{nL}} = \frac{U_n^2}{S_{nL} \cdot \sin \varphi_L}$$

$$R_L = \frac{U_n^2}{P_{nL}} = \frac{U_n^2}{S_{nL} \cdot \cos \varphi_L}$$

U_n Nennspannung des Netzes am Lastanschlusspunkt
Q_{nL} Nennblindleistung der Last
P_{nL} Nennwirkleistung der Last
S_{nL} Nennscheinleistung der Last
$\cos \varphi_L$ Nennleistungsfaktor der Last

10.3 Kurzschlussstromberechnung

Kurzschlussstromverlauf

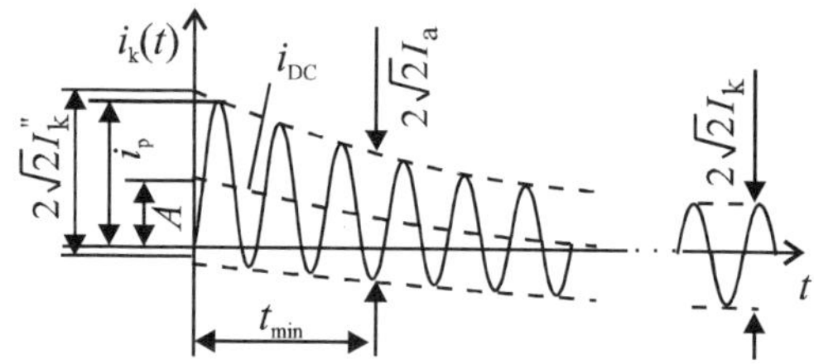

generatornaher Kurzschluss

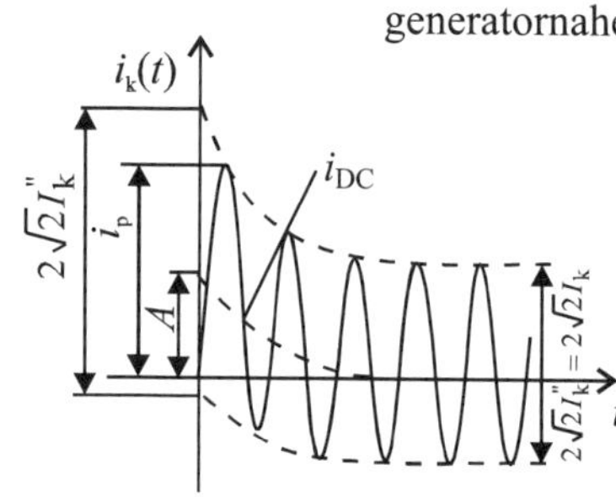

generatorferner Kurzschluss

Zeitverläufe von Kurzschlussströmen mit Gleichstromglied

I''_k	Anfangskurzschlusswechselstrom
i_p	Stoßkurzschlussstrom
I_a	symmetrischer Ausschaltwechselstrom
I_k	Dauerkurzschlussstrom
i_{DC}	abklingende Gleichstromkomponente
A	Anfangswert der Gleichstromkomponente i_{DC}

Anfangskurzschlusswechselstrom I''_{k}

$I''_{\mathrm{k3}} = \dfrac{cU_{\mathrm{n}}}{\sqrt{3}\lvert \underline{Z}_1 \rvert}$	dreipolig
$I''_{\mathrm{k2}} = \dfrac{cU_{\mathrm{n}}}{\lvert 2\underline{Z}_1 \rvert}$	zweipolig ohne Erdberührung
$k_{\mathrm{kE2E}} = \dfrac{\sqrt{3}\,cU_{\mathrm{n}}}{\lvert \underline{Z}_1 + 2\underline{Z}_0 \rvert}$	zweipolig mit Erdberührung
$I''_{\mathrm{kE2ES}} = cU_{\mathrm{n}} \cdot \dfrac{\left\lvert 1 + \underline{a}^2 + \frac{\underline{Z}_0}{\underline{Z}_1} \right\rvert}{\lvert \underline{Z}_1 + 2\underline{Z}_0 \rvert}$	Strom im Leiter L2 (S) zweipolig mit Erdberührung
$I''_{\mathrm{kE2ET}} = cU_{\mathrm{n}} \cdot \dfrac{\left\lvert 1 + \underline{a} + \frac{\underline{Z}_0}{\underline{Z}_1} \right\rvert}{\lvert \underline{Z}_1 + 2\underline{Z}_0 \rvert}$	Strom im Leiter L3 (T) zweipolig mit Erdberührung
$I''_{\mathrm{k1}} = \dfrac{\sqrt{3}\,cU_{\mathrm{n}}}{\lvert 2\underline{Z}_1 + \underline{Z}_0 \rvert}$	einpolig

U_{n} Netznominalspannung

c Spannungsfaktor nach VDE 0102, Tabelle 1

$\underline{Z}_1$ Impedanz des Mitsystems am Kurzschlussort

$\underline{Z}_0$ Impedanz des Nullsystems am Kurzschlussort

$\underline{a}$ Drehoperator $\underline{a} = \mathrm{e}^{\mathrm{j}120°} = -1/2 + \mathrm{j}\ 1/2\sqrt{3}$

$\underline{a}^2$ Drehoperator $\underline{a}^2 = \mathrm{e}^{\mathrm{j}240°} = -1/2 - \mathrm{j}\ 1/2\sqrt{3}$

Stoßkurzschlussstrom i_{p}

Einseitig einfach gespeister Kurzschluss

$$i_{\mathrm{p}} = \kappa \cdot \sqrt{2}\, I''_{\mathrm{k}}$$

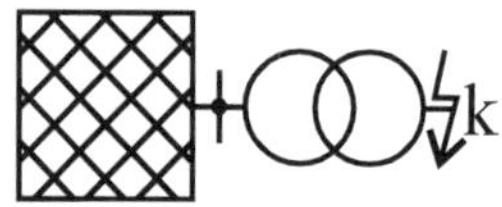

I''_{k} Anfangskurzschlusswechselstrom
κ Stoßfaktor; $\kappa = 1{,}02 + 0{,}98 \cdot \mathrm{e}^{-3R/X}$
R/X wirksames Resistanz-Reaktanz-Verhältnis

Mehrseitig einfach gespeister Kurzschluss

$$i_{\mathrm{p}} = i_{\mathrm{pT1}} + i_{\mathrm{pT2}}$$

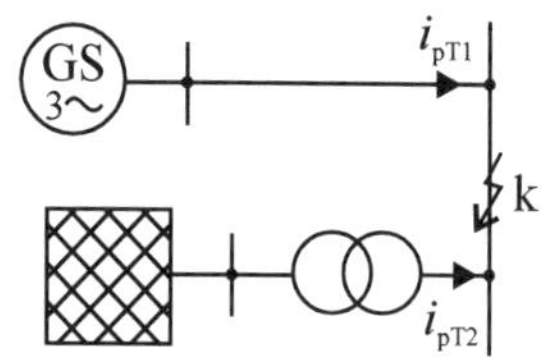

i_{pT1} Stoßkurzschlussstrom des Netzzweiges T1
i_{pT2} Stoßkurzschlussstrom des Netzzweiges T2

Kurzschluss im vermaschten Netz (kleinstes R/X-Verhältnis)

$$i_{\mathrm{p}} = \kappa_{\mathrm{a}} \cdot \sqrt{2}\, I''_{\mathrm{k}}$$

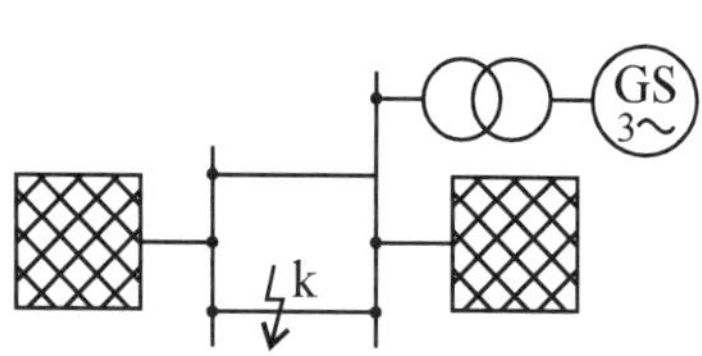

I''_{k} Anfangskurzschlusswechselstrom
κ_{a} Stoßfaktor
$\kappa_{\mathrm{a}} = 1{,}02 + 0{,}98 \cdot \mathrm{e}^{-3R/X}$

R/X kleinstes R/X-Verhältnis der Zweige des Netzes, die im fehlerbetroffenen Netz liegen bzw. Zweige mit Transformatoren, die an die KS-Stelle angrenzen.

Kurzschluss im vermaschten Netz (*R/X*-Verhältnis am KS-Ort)

$$i_p = \kappa_b \cdot \sqrt{2}\, I_k''$$

I_k''	Anfangskurzschlusswechselstrom
κ_b	Stoßfaktor; $\kappa_b = 1{,}15 \cdot (1{,}02 + 0{,}98 \cdot e^{-3R/X})$ In NS-Netzen: $\kappa_b \le 1{,}8$, in HS-Netzen: $\kappa_b \le 2{,}0$
R/X	wirksames Resistanz-Reaktanz-Verhältnis der Kurzschlussimpedanz

Generatornaher Kurzschluss

Definition:

Ein generatornaher Kurzschluss liegt vor, wenn:

- der Teilkurzschlussstrom (Anfangskurzschlusswechselstrom) mindestens eines Generators größer als der doppelte Bemessungsstrom des Generators ist oder
- die Summe der Teilkurzschlussströme (Anfangskurzschlusswechselstrom) von Motoren größer ist als 5% des Anfangskurzschlusswechselstromes ohne Motoren

Symmetrischer Ausschaltwechselstrom

10

$$I_a = \mu\, I_k''$$

I_k''	Anfangskurzschlusswechselstrom
μ	Faktor nach VDE 0102, Abschnitt 4.5

Dauerkurzschlussstrom I_k

$$I_{kmax} = \lambda_{max} I_{rG}$$
$$I_{kmin} = \lambda_{min} I_{rG}$$

I_{kmax} maximaler Dauerkurzschlussstrom

I_{kmin} minimaler Dauerkurzschlussstrom

I_{rG} Bemessungsstrom des Generators

λ_{max}; λ_{min} Faktor nach VDE 0102, Abschnitt 4.6

10.4 Sternpunktbehandlung

Erdfehlerfaktor des Netzes

$$\delta = \frac{U_{LEmax}}{\frac{U}{\sqrt{3}}}$$

U_{LEmax} höchster Wert der betriebsfrequenten Außenleiter-Erdspannung der nicht vom Fehler betroffenen Leiter an der Fehlerstelle bei einem Kurzschluss mit Erdberührung

U Außenleiterspannung vor Fehlereintritt

Niederohmige Sternpunkterdung

Außenleiter-Erdspannungen am Kurzschlussort

$$\underline{U}_S = -0{,}5 \cdot \sqrt{3} \cdot \underline{E}'' \left(\frac{\sqrt{3}}{1 + 2\frac{\underline{Z}_1}{\underline{Z}_0}} + \mathrm{j} \right)$$

$$\underline{U}_{\mathrm{T}} = -0{,}5 \cdot \sqrt{3} \cdot \underline{E}'' \left(\frac{\sqrt{3}}{1 + 2\frac{\underline{Z}_1}{\underline{Z}_0}} - \mathrm{j} \right)$$

E'' innere subtransiente Spannung des Netzes; z.B. $c\,U_{\mathrm{n}}$

$\underline{Z}_1$ Impedanz des Mitsystems

$\underline{Z}_0$ Impedanz des Nullsystems

Anfangskurzschlusswechselstrom für einpoligen Kurzschluss

$$\underline{I}''_{\mathrm{k1}} = \frac{\sqrt{3}\,c\,U_{\mathrm{n}}}{2\underline{Z}_1 + \underline{Z}_0}$$

c Spannungsfaktor nach VDE 0102, Tab. 1
U_{n} Netznominalspannung

Erdfehlerfaktoren der Leiter L2 und L3

$$\delta_{\mathrm{L2}} = 0{,}5 \cdot \sqrt{3} \cdot \left| \frac{\sqrt{3}}{1 + \frac{2\underline{Z}_1}{\underline{Z}_0}} + \mathrm{j} \right|$$

$$\delta_{\mathrm{L3}} = 0{,}5 \cdot \sqrt{3} \cdot \left| \frac{\sqrt{3}}{1 + \frac{2\underline{Z}_1}{\underline{Z}_0}} - \mathrm{j} \right|$$

10

Hinweis:
Falls die Erdfehlerfaktoren d_{L2} und d_{L3} kleiner als 1,39 sind, spricht man von niederohmiger Sternpunkterdung.

Netz mit isoliertem Sternpunkt

Kapazitiver Erdschlussstrom bei einpoligem Erdfehler

$$\underline{I}_{\mathrm{CE}} = -\sqrt{3} \cdot \mathrm{j}\omega C_{\mathrm{E}}\, c U_{\mathrm{n}}$$

$\mathrm{j}\omega C_{\mathrm{E}}$	Suszeptanz (Blindleitwert) der Leiter-Erdkapazität als Suszeptanz des Nullsystems; $Z_1 \ll Z_0$
c	Spannungsfaktor nach VDE 0102, Tab. 1
U_{n}	Netznominalspannung

Netz mit Erdschlusskompensation

Erdschlussreststrom bei einpoligem Erdfehler

$$\underline{I}_{\mathrm{Rest}} = \sqrt{3} \cdot c U_{\mathrm{n}}\, \mathrm{j}\omega C_{\mathrm{E}} (v - \mathrm{j}d)$$

$\mathrm{j}\omega C_{\mathrm{E}}$	Suszeptanz der Leiter-Erdkapazität als Suszeptanz des Nullsystems; $Z_1 << Z_0$
c	Spannungsfaktor nach VDE 0102, Tab. 1
U_{n}	Netznominalspannung

Verstimmungsgrad

$$v = \frac{I_{\mathrm{D}} - I_{\mathrm{CE}}}{I_{\mathrm{CE}}} = \frac{1}{3\omega^2 L_{\mathrm{D}} C_{\mathrm{E}}} - 1$$

I_{D}	Strom der Erdschlusslöschspule bei Erdschluss
I_{CE}	kapazitiver Erdschlussstrom des Netzes
L_{D}	Induktivität der Erdschlusslöschspule
ω	Kreisfrequenz

Netzdämpfung

$$d = \frac{G_E}{\omega C_E}$$

G_E im Nullsystem wirksame Konduktanz des Netzes

An der Erdschlusslöschspule messbare Spannung im fehlerfreien Fall (Spannung des Nullsystems)

$$\underline{U}_0 = \frac{jU_n}{\sqrt{3}} \cdot \frac{k}{jv + d}$$

k kapazitiver Unsymmetriefaktor des Netzes; $k = \Delta C_E / C_E$

Strom der Erdschlusslöschspule im fehlerfreien Fall

$$\underline{I}_D = \sqrt{3} \cdot U_n \cdot j\omega\, \Delta C_E$$

ΔC_E kapazitive Unsymmetrie des Netzes

10.5 Blindleistungskompensation

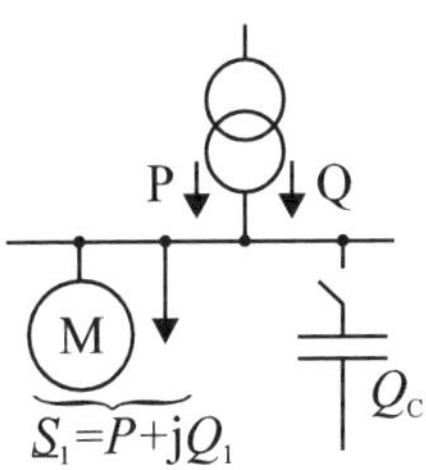

Blindleistungsbilanz

$$Q_C = Q_1 - Q$$

Kompensation für konstante Wirkleistung P

$$Q_C = P(\tan\varphi_1 - \tan\varphi_2)$$

Q_c benötigte kapazitive Blindleistung

$$\Delta S = P\left(\frac{1}{\cos\varphi_1} - \frac{1}{\cos\varphi_2}\right)$$

φ_1 Phasenwinkel ohne Blindleistungskompensation

φ_2 Phasenwinkel mit Blindleistungskompensation

ΔS Verminderung der Scheinleistung durch Kompensation

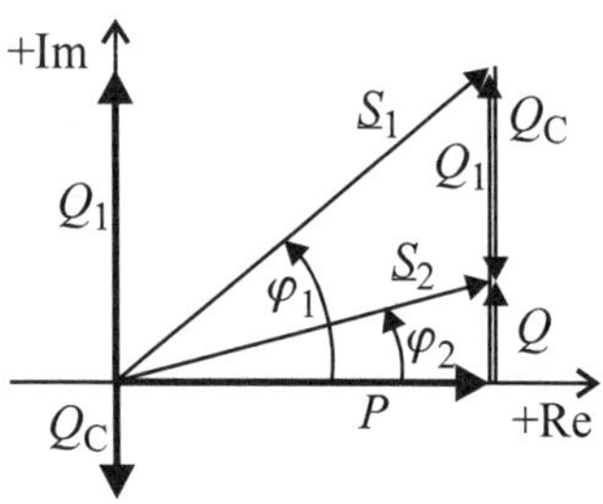

Zeigerdiagramm der Leistungen

Index 1: unkompensiert, Index 2: kompensiert

11 Bauelemente

11.1 Sensoren

Thermistor = Thermally sensitive resistor

Polykristalliner, temperaturabhängiger Widerstand mit negativem (NTC) oder positivem (PTC) Temperaturkoeffizienten

Symbole: Heißleiter (NTC) 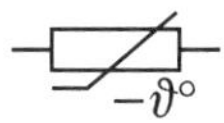

Kaltleiter (PTC) 

Heißleiter bei Fremderwärmung

$$R_\mathrm{T} = A\,\mathrm{e}^{\frac{B}{T}}$$

$$R_\mathrm{T} = R_\mathrm{N}\,\mathrm{e}^{B\left(\frac{1}{T}-\frac{1}{T_\mathrm{N}}\right)}$$

R_T	Widerstand bei der Temperatur T
T	Temperatur in Kelvin
R_N	Widerstand bei der Temperatur T_N
T_N	Nenntemperatur in Kelvin
A	Konstante, geometrieabhängig
B	Konstante, werkstoffabhängig

Temperaturkoeffizient des Widerstandes

$$\alpha_\mathrm{R} = \frac{1}{R_\mathrm{T}}\frac{\mathrm{d}\,R_\mathrm{T}}{\mathrm{d}\,T} = -\frac{B}{T^2}$$

Heißleiter bei Eigenerwärmung

$$p(t) = G_{\mathrm{th}}\left(T - T_{\mathrm{u}}\right) + C_{\mathrm{th}} \frac{\mathrm{d}T}{\mathrm{d}t}$$

$p(t)$ zugeführte elektrische Leistung
G_{th} thermischer Leitwert $G_{\mathrm{th}} = 1/R_{\mathrm{th}}$
T Temperatur
T_{u} Umgebungstemperatur
C_{th} Wärmekapazität

Stationäre Strom-Spannungs-Kennline

$$\left(T_{\mathrm{u}} = \text{konst. und } \frac{\mathrm{d}T}{\mathrm{d}t} = 0\right)$$

$$U = \sqrt{G_{\mathrm{th}}\left(T - T_{\mathrm{u}}\right) A \,\mathrm{e}^{\frac{B}{T}}}$$

$$I = \sqrt{\frac{G_{\mathrm{th}}\left(T - T_{\mathrm{u}}\right)}{A \,\mathrm{e}^{\frac{B}{T}}}}$$

U Heißleiterspannung
I Heißleiterstrom
G_{th} thermischer Leitwert
T Heißleitertemperatur
T_{u} Umgebungstemperatur
A, B Konstanten

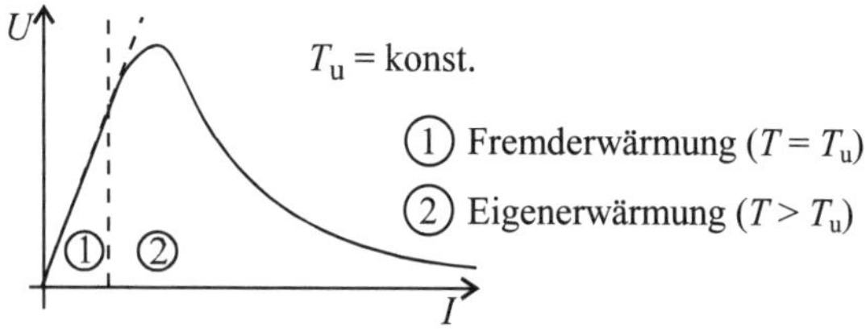

Kaltleiter bei Fremderwärmung

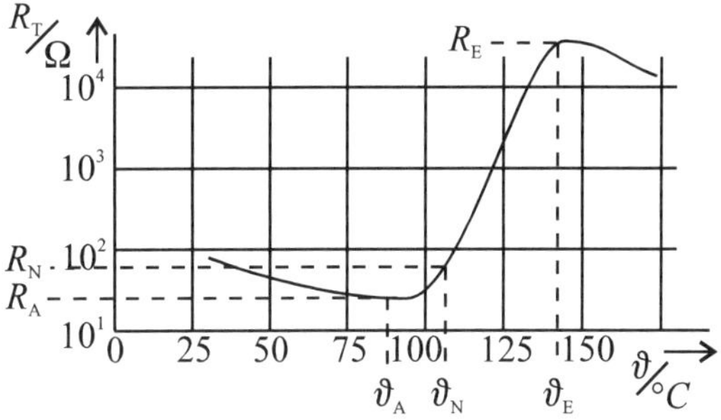

ϑ_A Anfangstemperatur (Beginn des positivem TK)

R_A Anfangswiderstand für $\vartheta = \vartheta_A$

ϑ_N Nenntemperatur für $R_N = 2\,R_A$

R_N Nennwiderstand

ϑ_E Endtemperatur (allmählicher Übergang zum negativen TK)

R_E Endwiderstand

Temperaturkoeffizient des Kaltleiters

$$\alpha_R = \frac{\ln R_2 - \ln R_1}{T_2 - T_1}$$

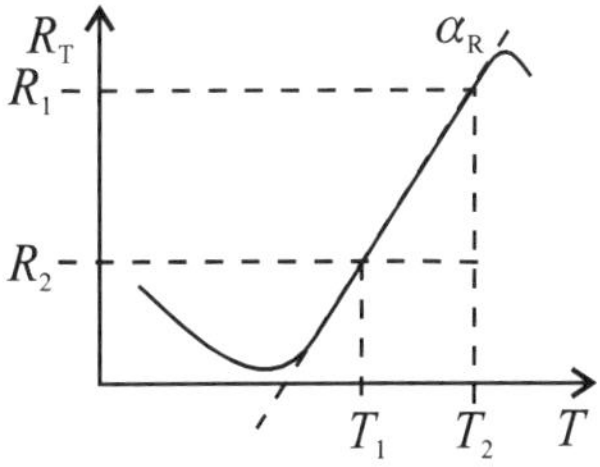

11

Kaltleiterwiderstand bei aktueller Temperatur *T*

$$R_T = R_N \, e^{\alpha_R (T - T_N)}$$

R_N Widerstand bei T_N
T_N Nenntemperatur

Kaltleiter bei Eigenerwärmung

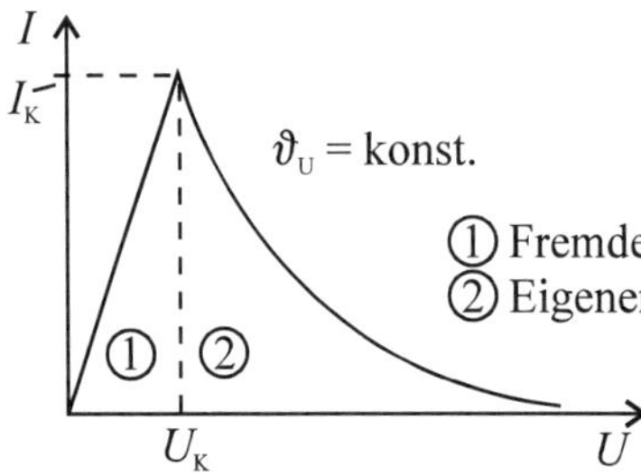

I_K Kippstrom
U_K Kippspannung

Varistor = Variable Resistor (spannungsabhängiger Widerstand)

Symbol: 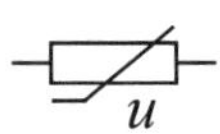

$$U = C I^{\beta}$$

$$I = \left(\frac{1}{C} U \right)^{\frac{1}{\beta}}$$

C Konstante, geometrieabhängig
β Regelfaktor

Messtechnische Bestimmung der Konstanten:

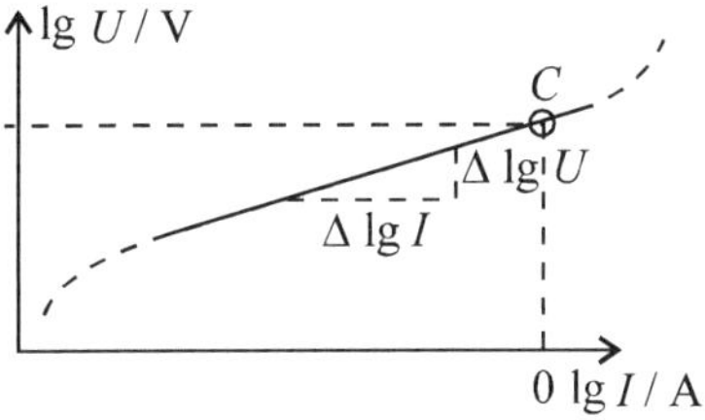

$$\beta = \frac{\Delta \lg U}{\Delta \lg I}$$

$$C = U \quad \text{für } I = 1\ \text{A}$$

Feldplatte

Magnetfeldabhängiger Widerstand

Symbol: 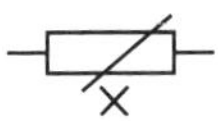

Widerstand der Feldplatte bei Flussdichte B

$$R = R_0\left[1+(\mu B)^2\right] \quad \text{für } |B| \le 0{,}4\,\text{T}$$

$$R \sim B \quad \text{für } |B| > 0{,}4\,\text{T}$$

B	magnetische Flussdichte
R_0	Widerstand für $B = 0$ (Grundwiderstand)
μ	Beweglichkeit der Majoritätsträger

Hall-Generator

Magnetfeldabhängiger Generator

Symbol: 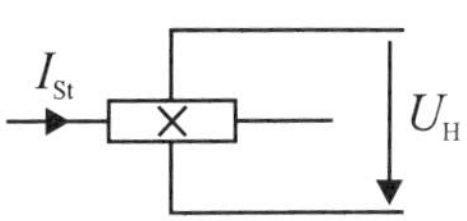

11

Hall-Spannung

$$U_{\mathrm{H}} = K_0 \, I_{\mathrm{St}} \, B$$

K_0 Leerlaufempfindlichkeit
I_{St} Steuerstrom
B magnetische Flussdichte

11.2 Dioden

Halbleiterdiode, allgemein

Symbol:

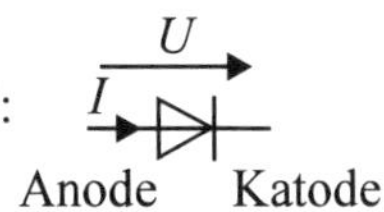

Strom-Spannungs-Kennlinie

$$I = I_{\mathrm{S}} \left(\mathrm{e}^{\frac{U}{m U_{\mathrm{T}}}} - 1 \right)$$

I_{S} Sperrsättigungsstrom
m Emissionskoeffizient $1 \leq m \leq 2$
U Diodenspannung

Temperaturspannung der Diode

$$U_{\mathrm{T}} = \frac{k \, T}{e}$$

k Boltzmann-Konstante
T Temperatur
e Elektronenladung

Temperaturverhalten der Diode

Durchlassbereich – Temperaturabhängigkeit der Durchlassspannung für I = konst.

$$U(\vartheta) = U(\vartheta_0) + d_T \Delta\vartheta$$

ϑ_0 Bezugstemperatur in °C
$\Delta\vartheta$ Temperaturerhöhung $\Delta\vartheta = \vartheta - \vartheta_0$
d_T Temperaturdurchgriff
$U(\vartheta_0)$ Durchlassspannung bei ϑ_0

Temperaturdurchgriff

$$d_T = \frac{\Delta U}{\Delta\vartheta}$$

ΔU Erniedrigung der Durchlassspannung
$\Delta\vartheta$ Erhöhung der Temperatur

Sperrbereich-Temperaturabhängigkeit des Sperrsättigungsstroms

$$I_S(\vartheta) = I_S(\vartheta_0)\ e^{\alpha_T \Delta\vartheta}$$

α_T Temperaturkoeffizient
$\Delta\vartheta$ Temperaturerhöhung
$I_S(\vartheta_0)$ Sperrsättigungsstrom bei ϑ_0

Temperaturkoeffizient

$$\alpha_T = \frac{1}{I_S} \frac{dI_S}{d\vartheta}\bigg|_{\vartheta_0}$$

I_S Sperrsättigungsstrom

11

Linearisierung der Diodenkennlinie

Ersatz der Diode im Durchlassbereich durch eine Spannungsquelle mit Innenwiderstand:

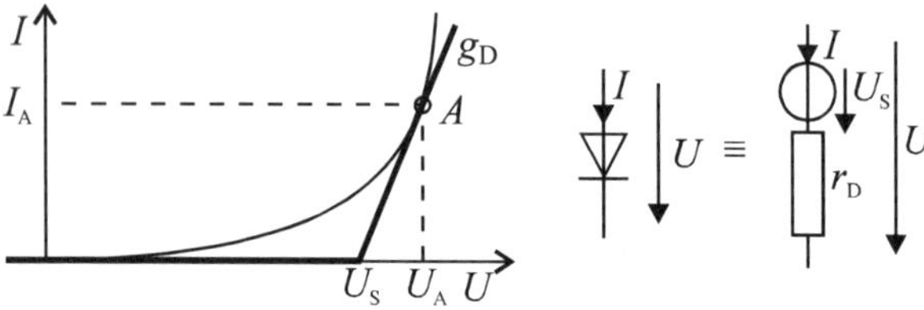

Ersatzzweipol

$$I = \begin{cases} 0 & \text{für } U < U_S \\ g_D(U - U_S) & \text{für } U \geq U_S \end{cases}$$

Schleusenspannung

$$U_S = U_A - mU_T = mU_T\left[\ln\left(\frac{I_A}{I_S}\right) - 1\right]$$

m Emissionskoeffizient
I_S Sperrsättigungsstrom

Differenzieller Diodenleitwert $g_D = \frac{1}{r_D}$

$$g_D = \frac{I_A}{mU_T}$$

U_A Diodenspannung im Arbeitspunkt
I_A Diodenstrom im Arbeitspunkt
U_T Temperaturspannung

Z-Diode

Symbol: 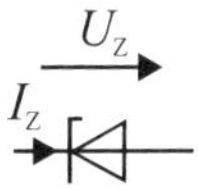

Kennlinie:

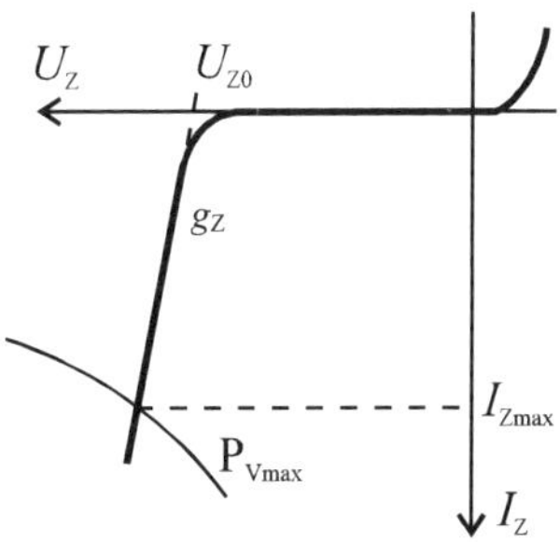

U_Z Z-Spannung (Durchbruchspannung)

I_Z Z-Strom (Durchbruchstrom)

U_{Z0} Z-Spannung bei $I_Z = 0$ (extrapolierte Durchbruchkennlinie)

g_Z differenzieller Z-Leitwert

$$g_Z = \frac{1}{r_Z} = \frac{\Delta I_Z}{\Delta U_Z} \text{ auf der Durchbruchkennlinie}$$

P_{Vmax} maximal zulässige Verlustleistung

Lineare Ersatzschaltung für den Durchbruchbereich

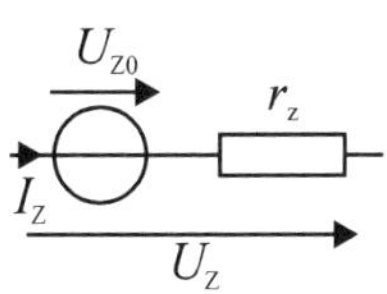

$$I_Z = \begin{cases} 0 & \text{für} U_Z < U_{Z0} \\ g_Z(U_Z - U_{Z0}) & \text{für } U_Z \geq U_{Z0} \end{cases}$$

Temperaturverhalten der Z-Spannung

$$U_Z(\vartheta) = U_Z(\vartheta_0)(1 + a_{UZ}\,\Delta\vartheta)$$

$U_Z(\vartheta_0)$ Z-Spannung bei der Bezugstemperatur ϑ_0

α_{UZ} Temperaturkoeffizient der Z-Spannung

Kapazitätsdiode

Die Kapazitätsdiode ist eine im Sperrbereich betriebene Halbleiterdiode. Ihre Kapazität ist spannungsabhängig.

Symbol:

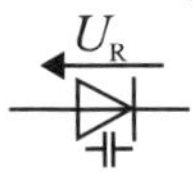

Sperrschichtkapazität

$$C_j = \frac{C_{j0}}{\left(1 + \frac{U_R}{U_D}\right)^n}$$

C_{j0} Sperrschichtkapazität für $U_R = 0$

U_R Diodensperrspannung

U_D Diffusionsspannung (ca. 0,7 V für Si)

n Zahl im Bereich $\frac{1}{3} \ldots \frac{2}{3}$ (typisch $n = \frac{1}{2}$)

Fotodiode

Die Fotodiode ist eine im Sperrbereich betriebene Halbleiterdiode. Ihr Sperrstrom ist von der absorbierten Lichtleistung abhängig.

Symbol:

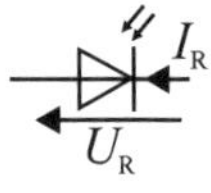

Kennlinien:

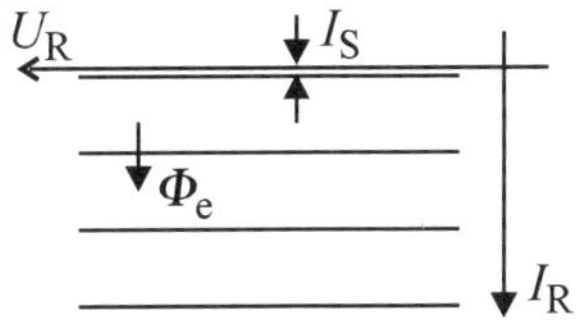

Sperrstrom der Fotodiode

$$I_R = I_S + I_p = I_S + S\Phi_e$$

I_S	Sperrsättigungsstrom
I_p	Fotostrom
S	Empfindlichkeit
Φ_e	Strahlungsleistung

11.3 Transistoren

Bipolarer Transistor

Symbole und Zählpfeile

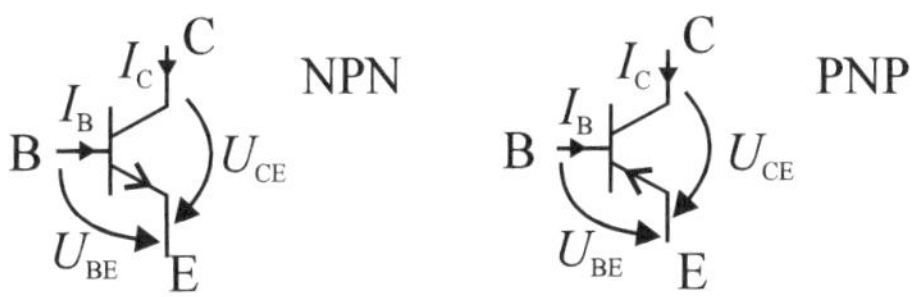

B	Basis
C	Kollektor
E	Emitter
U_{BE}	Basis-Emitterspannung
U_{CE}	Kollektor-Emitterspannung
I_B	Basisstrom
I_C	Kollektorstrom

Vierquadranten-Kennlinienfeld

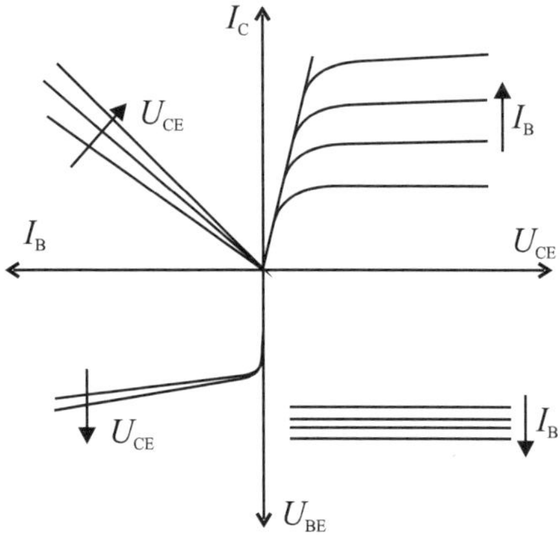

1. Quadrant: Ausgangskennlinienfeld
   $I_C = f(U_{CE})$, I_B Parameter
2. Quadrant: Stromsteuerkennlinienfeld
   $I_C = f(I_B)$, U_{CE} Parameter
3. Quadrant: Eingangskennlinienfeld
   $U_{BE} = f(I_B)$, U_{CE} Parameter
4. Quadrant: Rückwirkungskennlinienfeld
   $U_{BE} = f(U_{CE})$, I_B Parameter

Statisches Großsignalverhalten (für den aktiven Bereich)

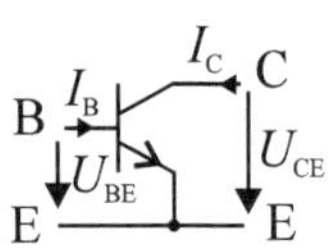

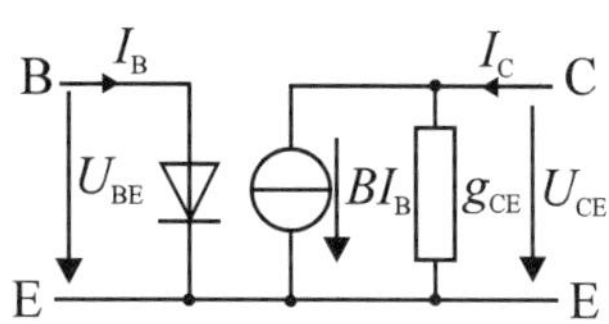

Eingangskennlinie	$I_B = I_{BS}(e^{\frac{U_{BE}}{U_T}} - 1)$
Ausgangskennlinien	$I_C = B\, I_B \left(1 + \frac{U_{CE}}{U_A}\right)$

I_B Basisstrom
I_{BS} (fiktiver) Sperrsättigungsstrom der Basis-Emitterdiode
U_T Temperaturspannung
U_{BE} Basis-Emitterspannung
I_C Kollektorstrom
B (extrapolierte) Stromverstärkung $B = \left.\frac{I_C}{I_B}\right|_{U_{CE}=0}$
U_{CE} Kollektor-Emitterspannung
U_A Early-Spannung

Differenzieller Ausgangsleitwert = Steigung der Ausgangskennlinie $I_C(U_{CE})$

$$g_{CE} = \frac{I_C}{U_{CE} + U_A}$$

Restströme

11

Kollektor-Basis-Reststrom (Emitter offen)

$$I_{CB0} = I_C\big|_{I_E=0}$$

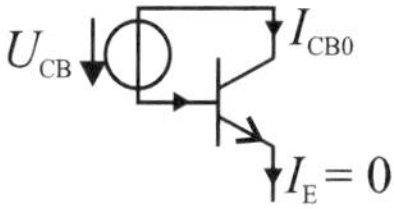

Kollektor-Emitter-Reststrom (Basis offen)

$$I_{\text{CE0}} = I_{\text{C}}\Big|_{I_{\text{B}}=0} \approx B\, I_{\text{CB0}}$$

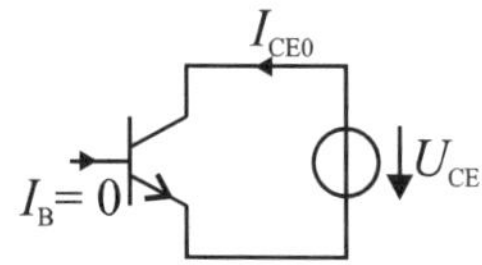

Basis-Emitter-Reststrom (Kollektor offen)

$$I_{\text{BE0}} = I_{\text{E}}\Big|_{I_{\text{C}}=0} \approx -I_{\text{CB0}}$$

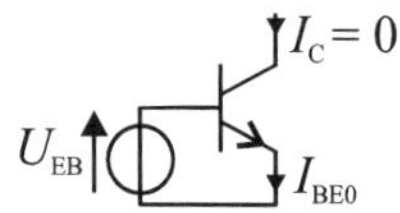

Temperaturverhalten

Basis-Emitterspannung	$U_{\text{BE}}(\vartheta) = U_{\text{BE}}(\vartheta_0) + d_{\text{T}}\,\Delta\vartheta$
Kollektor-Emitter-Reststrom	$I_{\text{CE0}}(\vartheta) = I_{\text{CE0}}(\vartheta_0)\,\mathrm{e}^{\lambda_{\text{T}}\Delta\vartheta}$
Stromverstnrkung	$B(\vartheta) = B(\vartheta_0)\,\mathrm{e}^{b\Delta\vartheta}$

$\Delta\vartheta$ Temperaturerhöhung $\vartheta - \vartheta_0$

d_{T} Temperaturdurchgriff $d_{\text{T}} = \dfrac{\mathrm{d}U_{\text{BE}}}{\mathrm{d}\vartheta}\Big|_{\vartheta=\vartheta_0}$

λ_{T} Temperaturkoeffizient $\lambda_{\text{T}} = \dfrac{1}{I_{\text{CE0}}} \cdot \dfrac{\mathrm{d}I_{\text{CE0}}}{\mathrm{d}\vartheta}\Big|_{\vartheta=\vartheta_0}$

b Temperaturkoeffizient $b = \dfrac{1}{B} \cdot \dfrac{\mathrm{d}B}{\mathrm{d}\vartheta}\Big|_{\vartheta=\vartheta_0}$

Kleinsignalbeschreibung

Das Kleinsignalverhalten des bipolaren Transistors wird bei niedrigen Frequenzen durch die reellen Hybridparameter h_{ik} beschrieben. Das Verhalten bei höheren Frequenzen wird durch die Hinzunahme der Sperrschicht- und Diffusionskapazität berücksichtigt.

Emitterschaltung

$$\underline{U}_1 = h_{11e}\,\underline{I}_1 + h_{12e}\,\underline{U}_2$$
$$\underline{I}_2 = h_{21e}\,\underline{I}_1 + h_{22e}\,\underline{U}_2$$

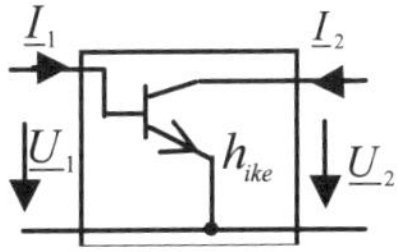

Kurzschluss-Eingangswiderstand

$$h_{11e} = \left.\frac{\underline{U}_1}{\underline{I}_1}\right|_{\underline{U}_2=0}$$

Leerlauf-Spannungsrückwirkung

$$h_{12e} = \left.\frac{\underline{U}_1}{\underline{U}_2}\right|_{\underline{I}_1=0}$$

Kurzschluss-Stromverstärkung

$$h_{21e} = \left.\frac{\underline{I}_2}{\underline{I}_1}\right|_{\underline{U}_2=0}$$

Leerlauf-Ausgangsleitwert

$$h_{22e} = \left.\frac{\underline{I}_2}{\underline{U}_2}\right|_{\underline{I}_1=0}$$

11

Zuordnung formale zu physikalische Kleinsignalparameter (niedrige Frequenz):

$$\begin{pmatrix} h_{11e} & h_{12e} \\ h_{21e} & h_{22e} \end{pmatrix} = \begin{pmatrix} r_{BE} & v_r \\ \beta & g_{CE} \end{pmatrix}$$

Differenzieller Eingangswiderstand =
Steigung der Eingangskennlinie im Arbeitspunkt *A*

$$r_{BE} = \left.\frac{dU_{BE}}{dI_B}\right|_{A,U_{CE}=\text{konst.}}$$

Spannungsrückwirkung =
Steigung der Rückwirkungskennlinie im Arbeitspunkt *A*

$$v_r = \left.\frac{dU_{BE}}{dU_{CE}}\right|_{A,I_B=\text{konst.}}$$

Differenzielle Stromverstärkung =
Steigung der Stromsteuerkennlinie im Arbeitspunkt *A*

$$\beta = \left.\frac{dI_C}{dI_B}\right|_{A,U_{CE}=\text{konst.}}$$

Differenzieller Ausgangsleitwert =
Steigung der Ausgangskennlinie im Arbeitspunkt *A*

$$g_{CE} = \left.\frac{dI_C}{dU_{CE}}\right|_{A,I_B=\text{konst.}}$$

Basisschaltung

$$\underline{U}_1 = h_{11b}\,\underline{I}_1 + h_{12b}\,\underline{U}_2$$
$$\underline{I}_2 = h_{21b}\,\underline{I}_1 + h_{22b}\,\underline{U}_2$$

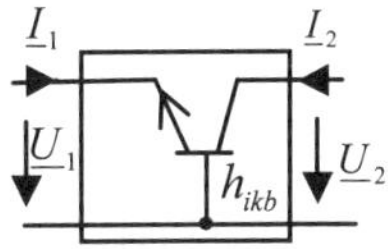

Ersatz der Basischaltungs-Parameter durch die Emitterschaltungs-Parameter:

$$\begin{pmatrix} h_{11b} & h_{12b} \\ h_{21b} & h_{22b} \end{pmatrix} = \frac{1}{\sum h_e} \begin{pmatrix} h_{11e} & |h_e| - h_{12e} \\ -(|h_e| + h_{21e}) & h_{22e} \end{pmatrix}$$

mit

$$\sum h_e = 1 + |h_e| + h_{21e} - h_{12e}$$
$$|h_e| = h_{11e}\,h_{22e} - h_{12e}\,h_{21e}$$

Kollektorschaltung

$$\underline{U}_1 = h_{11c}\,\underline{I}_1 + h_{12c}\,\underline{U}_2$$
$$\underline{I}_2 = h_{21c}\,\underline{I}_1 + h_{22c}\,\underline{U}_2$$

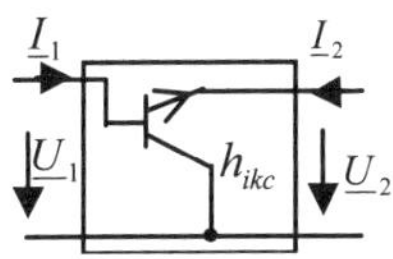

Ersatz der Kollektorschaltungs-Parameter durch die Emitterschaltungs-Parameter:

$$\begin{pmatrix} h_{11c} & h_{12c} \\ h_{21c} & h_{22c} \end{pmatrix} = \begin{pmatrix} h_{11e} & 1 - h_{12e} \\ -(1 + h_{21e}) & h_{22e} \end{pmatrix}$$

Neben den Hybridparametern h_{ik} finden Verwendung die

- Admittanzparameter y_{ik}
- Impedanzparameter z_{ik}
- Kettenparameter a_{ik}

Umrechnungstabelle für Vierpolparameter

	$y_{11}\ y_{12}\ y_{21}\ y_{22}$	$z_{11}\ z_{12}\ z_{21}\ z_{22}$	$a_{11}\ a_{12}\ a_{21}\ a_{22}$	$h_{11}\ h_{12}\ h_{21}\ h_{22}$
y_{11}	Admittanzform	$\frac{z_{22}}{\lvert z\rvert}$	$\frac{a_{22}}{a_{12}}$	$\frac{1}{h_{11}}$
y_{12}	$\underline{I}_1 = y_{11}\underline{U}_1 + y_{12}\underline{U}_2$	$-\frac{z_{12}}{\lvert z\rvert}$	$-\frac{\lvert a\rvert}{a_{12}}$	$-\frac{h_{12}}{h_{11}}$
y_{21}	$\underline{I}_2 = y_{21}\underline{U}_1 + y_{22}\underline{U}_2$	$-\frac{z_{21}}{\lvert z\rvert}$	$-\frac{1}{a_{12}}$	$\frac{h_{21}}{h_{11}}$
y_{22}		$\frac{z_{11}}{\lvert z\rvert}$	$\frac{a_{11}}{a_{12}}$	$\frac{\lvert h\rvert}{h_{11}}$
z_{11}	$\frac{y_{22}}{\lvert y\rvert}$	Impedanzform	$\frac{a_{11}}{a_{21}}$	$\frac{\lvert h\rvert}{h_{22}}$
z_{12}	$-\frac{y_{12}}{\lvert y\rvert}$	$\underline{U}_1 = z_{11}\underline{I}_1 + z_{12}\underline{I}_2$	$\frac{\lvert a\rvert}{a_{21}}$	$\frac{h_{12}}{h_{22}}$
z_{21}	$-\frac{y_{21}}{\lvert y\rvert}$	$\underline{U}_2 = z_{21}\underline{I}_1 + z_{22}\underline{I}_2$	$\frac{1}{a_{21}}$	$-\frac{h_{21}}{h_{22}}$
z_{22}	$\frac{y_{11}}{\lvert y\rvert}$		$\frac{a_{22}}{a_{21}}$	$\frac{1}{h_{22}}$
a_{11}	$-\frac{y_{22}}{y_{21}}$	$\frac{z_{11}}{z_{21}}$	Kettenform	$-\frac{\lvert h\rvert}{h_{21}}$
a_{12}	$-\frac{1}{y_{21}}$	$\frac{\lvert z\rvert}{z_{21}}$	$\underline{U}_1 = a_{11}\underline{U}_2 - a_{12}\underline{I}_2$	$-\frac{h_{11}}{h_{21}}$
a_{21}	$-\frac{\lvert y\rvert}{y_{21}}$	$\frac{1}{z_{21}}$	$\underline{I}_1 = a_{21}\underline{U}_2 - a_{22}\underline{I}_2$	$-\frac{h_{22}}{h_{21}}$

	$y_{11}\ y_{12}\ y_{21}\ y_{22}$	$z_{11}\ z_{12}\ z_{21}\ z_{22}$	$a_{11}\ a_{12}\ a_{21}\ a_{22}$	$h_{11}\ h_{12}\ h_{21}\ h_{22}$
a_{22}	$-\frac{y_{11}}{y_{21}}$	$\frac{z_{22}}{z_{21}}$		$-\frac{1}{h_{21}}$
h_{11}	$\frac{1}{y_{11}}$	$\frac{\lvert z\rvert}{z_{22}}$	$\frac{a_{12}}{a_{22}}$	Hybridform
h_{12}	$-\frac{y_{12}}{y_{11}}$	$\frac{z_{12}}{z_{22}}$	$\frac{\lvert a\rvert}{a_{22}}$	$\underline{U}_1=h_{11}\underline{I}_1+h_{12}\underline{U}_2$
h_{21}	$\frac{y_{21}}{y_{11}}$	$-\frac{z_{21}}{z_{22}}$	$-\frac{1}{a_{22}}$	$\underline{I}_2=h_{21}\underline{I}_1+h_{22}\underline{U}_2$
h_{22}	$\frac{\lvert y\rvert}{y_{11}}$	$\frac{1}{z_{22}}$	$\frac{a_{21}}{a_{22}}$	

Unipolarer Transistor, Feldeffekttransistor

JFET : Sperrschicht-Feldeffekttransistor

MOSFET: Isolierschicht-Feldeffekttransistor

Symbole und Zählpfeile (n-Kanal)

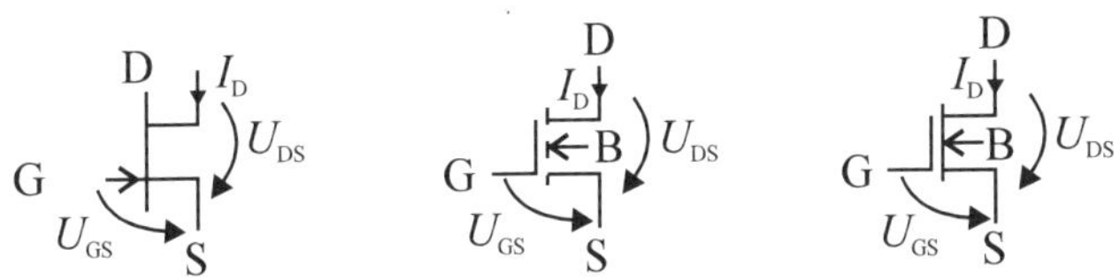

JFET, selbstleitend MOSFET, selbstsperrend selbstleitend

D	Drain
G	Gate
S	Source
B	Bulk

U_{GS} Gate-Source-Spannung

U_{DS} Drain-Source-Spannung

I_D Drainstrom

Statisches Großsignalverhalten JFET

Sperrbereich:

$$U_{GS} < U_p\,;\; I_D = 0$$

Sättigungsbereich:

$$U_{GS} > U_p \text{ und } U_{DS} > U_{GS} - U_p$$

$$I_D = I_{DSS}\left(1 - \frac{U_{GS}}{U_p}\right)^2 (1 + \lambda U_{DS})$$

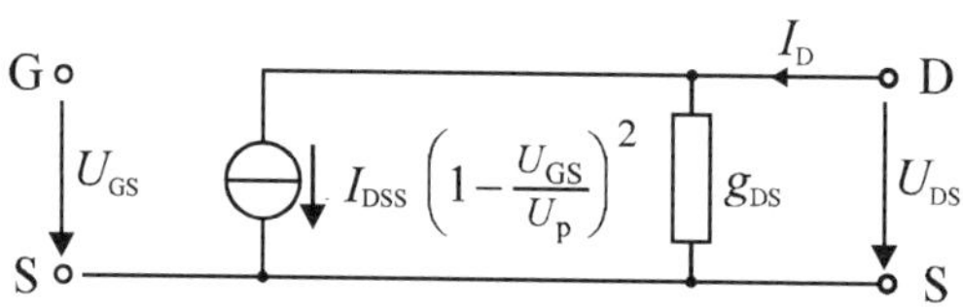

U_p Abschnürspannung

I_{DSS} Drain-Source-Sättigungsstrom $I_{DSS} = I_D\big|_{U_{GS}=0}$

λ Kanallängenmodulationsfaktor

Differenzieller Drain-Source-Leitwert = Steigung der Ausgangskennlinie $I_D(U_{DS})$

$$g_{DS} = \left.\frac{dI_D}{dU_{DS}}\right|_{U_{GS}=\text{konst.}} = \lambda I_{DSS}\left(1 - \frac{U_{GS}}{U_p}\right)^2 = \frac{I_D}{U_{DS} + 1/\lambda}$$

Statisches Großsignalverhalten MOSFET

Sperrbereich:

$$U_{GS} < U_{T0} \; ; \; I_D = 0$$

Widerstandsbereich:

$$U_{GS} > U_{T0} \text{ und } U_{DS} < U_{GS} - U_{T0}$$

$$I_D = K\, U_{DS}\left(U_{GS} - U_{T0} - \frac{U_{DS}}{2}\right)$$

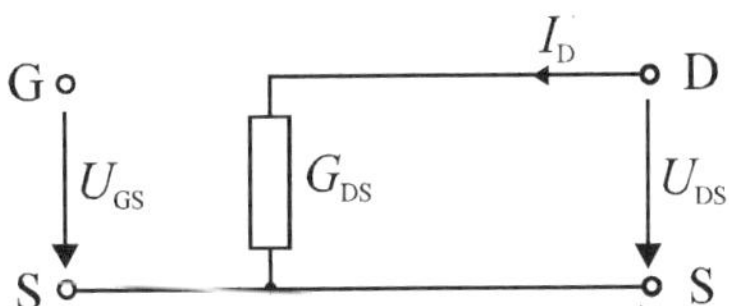

$$G_{DS} = K\left(U_{GS} - U_{T0} - \frac{U_{DS}}{2}\right)$$

Sättigungsbereich:

$$U_{GS} > U_{T0} \text{ und } U_{DS} > U_{GS} - U_{T0}$$

$$I_D = \frac{K}{2}(U_{GS} - U_{T0})^2(1 + \lambda U_{DS})$$

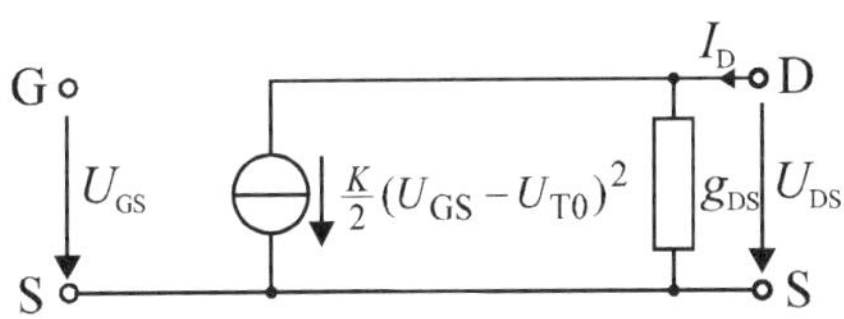

U_{T0}	Schwellenspannung
K	Kenngröße
λ	Kanallängenmodulationsfaktor

Differenzieller Drain-Source-Leitwert = Steigung der Ausgangskennlinie $I_D(U_{DS})$

$$g_{DS} = \left.\frac{\mathrm{d}I_D}{\mathrm{d}U_{DS}}\right|_{U_{GS}=\text{konst.}} = \lambda \tfrac{K}{2}(U_{GS} - U_{T0})^2 = \frac{I_D}{U_{DS} + 1/\lambda}$$

Kleinsignalbeschreibung

Das Kleinsignalverhalten des unipolaren Transistors wird bei niedrigen Frequenzen durch die reellen Admittanzparameter y_{ik} beschrieben. Das Verhalten bei höheren Frequenzen wird durch Hinzunahme der Gate-Drain- und Gate-Source-Kapazität berücksichtigt.

Schaltungstechnisch bedeutsam ist die Sourceschaltung:

$$\underline{I}_1 = y_{11S}\,\underline{U}_1 + y_{12S}\,\underline{U}_2$$
$$\underline{I}_2 = y_{21S}\,\underline{U}_1 + y_{22S}\,\underline{U}_2$$

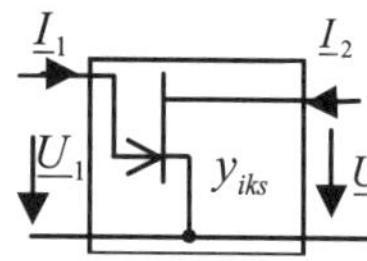

Kurzschluss-Eingangsadmittanz

$$y_{11S} = \left.\frac{\underline{I}_1}{\underline{U}_1}\right|_{\underline{U}_2=0}$$

Kurzschluss-Rückwärtssteilheit

$$y_{12S} = \left.\frac{\underline{I}_1}{\underline{U}_2}\right|_{\underline{U}_1=0}$$

Kurzschluss-Vorwärtssteilheit

$$y_{21S} = \left.\frac{\underline{I}_2}{\underline{U}_1}\right|_{\underline{U}_2=0}$$

Kurzschluss-Ausgangsadmittanz

$$y_{22S} = \left.\frac{\underline{I}_2}{\underline{U}_2}\right|_{\underline{U}_1=0}$$

Zuordnung formale zu physikalische Kleinsignalparameter

Niedrige Frequenzen:

$$\begin{pmatrix} y_{11S} & y_{12S} \\ y_{21S} & y_{22S} \end{pmatrix} = \begin{pmatrix} 0 & 0 \\ S & g_{DS} \end{pmatrix}$$

Hohe Frequenzen:

$$\begin{pmatrix} y_{11S} & y_{12S} \\ y_{21S} & y_{22S} \end{pmatrix} = \begin{pmatrix} j\omega(C_{GS} + C_{GD}) & -j\omega C_{GD} \\ S - j\omega C_{GD} & g_{DS} + j\omega C_{GD} \end{pmatrix}$$

Steilheit = Steigung der Steuerkennlinie im Arbeitspunkt A

$$S = \left.\frac{dI_D}{dU_{GS}}\right|_{A, U_{DS}=\text{konst.}}$$

JFET: $$S = -\frac{2}{U_P}\left.\sqrt{I_{DSS} I_D (1 + \lambda U_{DS})}\right|_A$$

MOSFET: $$S = \left.\sqrt{2KI_D(1 + \lambda U_{DS})}\right|_A$$

Differenzieller Ausgangsleitwert =
Steigung der Ausgangskennlinie im Arbeitspunkt A

11

$$g_{DS} = \left.\frac{dI_D}{dU_{DS}}\right|_{A, U_{GS}=\text{konst.}} = \left.\frac{I_D}{U_{DS} + 1/\lambda}\right|_A$$

12 Schaltungstechnik

12.1 Diodenschaltungen

Einweggleichrichter

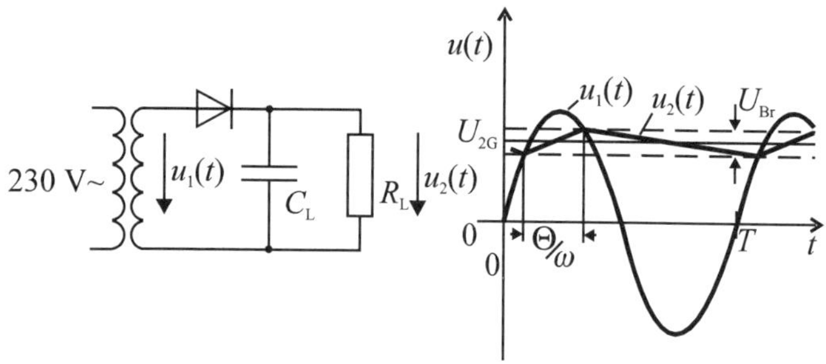

ω Kreisfrequenz

C_L Ladekondensator

R_L Lastwiderstand

$u_1(t) = \hat{u}_1 \sin \omega t$ Eingangswechselspannung

$u_2(t) = U_{2G} + u_{2W}(t)$ Ausgangsspannung

$u_{2W}(t)$ Ausgangs-Welligkeitsspannung

T Periodendauer $T = \frac{1}{f} = \frac{2\pi}{\omega}$

Stromflusswinkel

$$\Theta = 2 \cdot \sqrt[3]{3\pi \cdot \frac{R_i}{R_L}}$$

R_i Innenwiderstand Diode und Transformator

Ausgangsgleichsspannung

$$U_{2G} = \overline{u_2(t)} = \hat{u}_1 \cos\left(\frac{\Theta}{2}\right)$$

Brummspannung = Spitze-Spitze-Wert der Welligkeitsspannung

$$U_{Br} = \frac{U_{2G}}{\omega R_L C_L}(2\pi - \Theta)$$

Ausgangs-Welligkeitsspannung

$$u_{2W}(t) = u_2(t) - u_{2G}$$

Effektivwert der Welligkeitsspannung

$$U_{2W} = \frac{1}{2\sqrt{3}} U_{Br}$$

Effektivwert der Ausgangsspannung

$$U_2 = \sqrt{U_{2G}^2 + U_{2W}^2}$$

Welligkeit der Ausgangsspannung

$$w = \frac{U_{2W}}{U_{2G}}$$

Maximale Diodensperrspannung

$$\hat{u}_R = 2\hat{u}_1$$

Zweiweggleichrichter

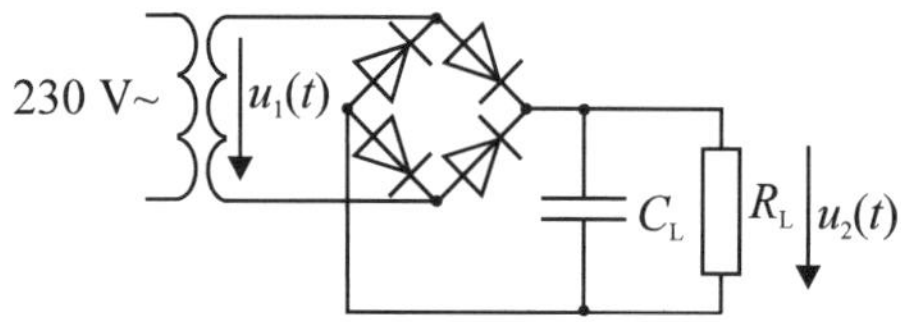

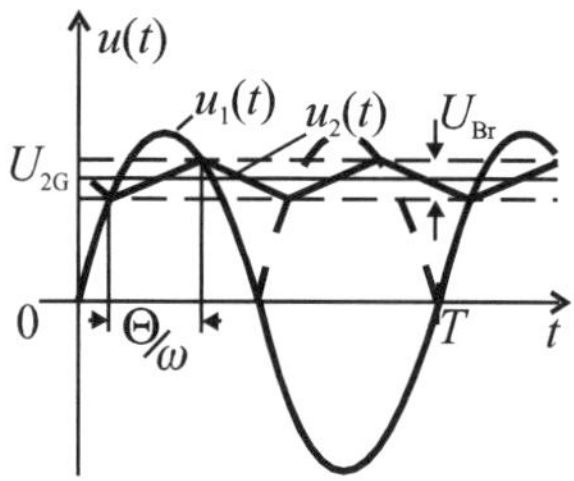

C_L Ladekondensator

R_L Lastwiderstand

$u_1(t) = \hat{u}_1 \sin \omega t$ Eingangswechselspannung

$u_2(t) = U_{2G} + u_{2W}(t)$ Ausgangsspannung

$u_{2W}(t)$ Ausgangs-Welligkeitsspannung

R_i Innenwiderstand Diode und Transformator

U_{Br} Brummspannung

ω Kreisfrequenz

T Periodendauer $T = \frac{1}{f} = \frac{2\pi}{\omega}$

Stromflusswinkel

$$\Theta = 2 \cdot \sqrt[3]{\frac{3\pi}{2} \frac{R_i}{R_L}}$$

Ausgangsgleichspannung

$$U_{2G} = \overline{u_2(t)} = \hat{u}_1 \cos\left(\frac{\Theta}{2}\right)$$

Brummspannung = Spitze-Spitze-Wert der Welligkeitsspannung

$$U_{Br} = \frac{U_{2G}}{\omega R_L C_L}(\pi - \Theta)$$

Ausgangs-Welligkeitsspannung

$$u_{2W}(t) = u_2(t) - U_{2G}$$

Effektivwert der Welligkeitsspannung

$$U_{2W} = \frac{1}{2\sqrt{3}} U_{Br}$$

Effektivwert der Ausgangsspannung

$$U_2 = \sqrt{U_{2G}^2 + U_{2W}^2}$$

Welligkeit der Ausgangsspannung

$$w = \frac{U_{2W}}{U_{2G}}$$

Maximale Diodensperrspannung

$$\hat{u}_R = \hat{u}_1$$

12

Siebung

Siebglieder sind Tiefpassglieder. Sie verringern die Welligkeit der gleichgerichteten Spannung.

Siebfaktor

$$S = \frac{U_{1W}}{U_{2W}} \approx \frac{|\underline{U}_1|}{|\underline{U}_2|}$$

U_{1W} Effektivwert der Welligkeitsspannung am Eingang des Siebgliedes

U_{2W} Effektivwert der Welligkeitsspannung am Ausgang des Siebgliedes

$|\underline{U}_1|$ Grundschwingungsanteil von U_{1W}

$|\underline{U}_2|$ Grundschwingungsanteil von U_{2W}

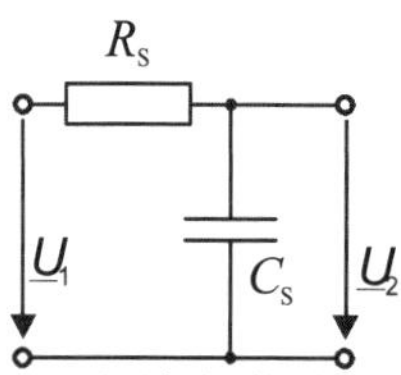

RC-Siebglied

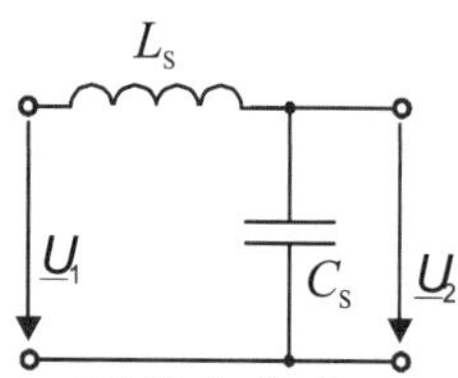

LC-Siebglied

RC-Siebglied

$$S \approx (p\omega) R_S C_S \qquad \text{für } \omega \gg \frac{1}{R_S C_S}$$

LC-Siebglied

$$S \approx (p\omega)^2 L_S C_S \qquad \text{für } \omega \gg \frac{1}{\sqrt{L_S C_S}}$$

ω Kreisfrequenz der gleichzurichtenden Wechselspannung

$p = 1$ Einweggleichrichter

$p = 2$ Zweiweggleichrichter

Spannungsstabilisierung mit Z-Diode

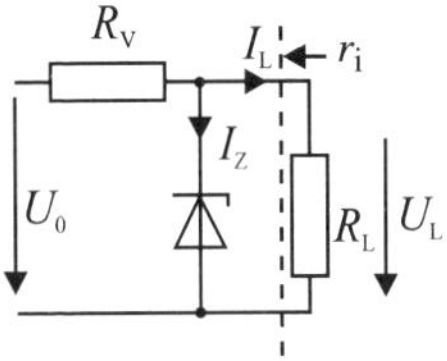

Stabilisierte Spannung für $U_0 \geq \left(1 + \frac{R_V}{R_L}\right) \cdot U_{Z0}$

$$U_L = \frac{U_0\, G_V + U_{Z0}\, g_Z}{G_V + g_Z + G_L}$$

Stabilisierungsfaktor

$$S = \frac{\frac{\Delta U_0}{U_0}}{\frac{\Delta U_L}{U_L}} = 1 + \frac{R_V}{r_Z} \cdot \frac{U_{Z0}}{U_0}$$

$R_V = \frac{1}{G_V}$ Vorwiderstand

$R_L = \frac{1}{G_L}$ Lastwiderstand

$r_Z = \frac{1}{g_Z}$ differenzieller Z-Widerstand

U_{Z0} Z-Spannung, extrapoliert für $I_Z = 0$

12

Differenzieller Innenwiderstand

$$r_{\mathrm{i}} = r_{\mathrm{z}} \,\|\, R_{\mathrm{y}} \approx r_{\mathrm{z}}$$

Spannungsstabilisierung mit Z-Diode und Transistor

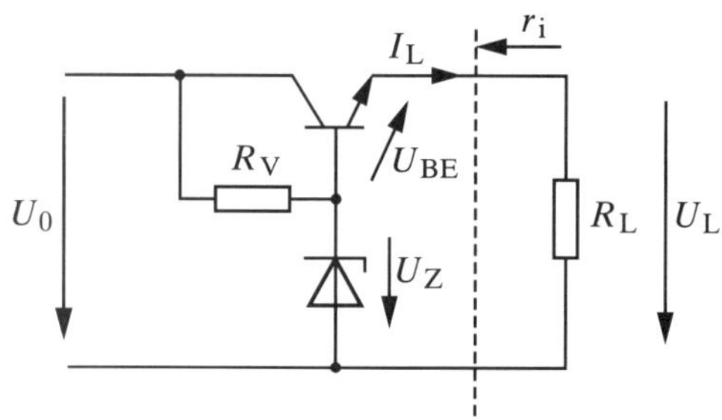

Stabilisierte Spannung

$$U_{\mathrm{L}} = U_{\mathrm{Z}} - U_{\mathrm{BE}}$$

Differenzieller Innenwiderstand

$$r_{\mathrm{i}} \approx r_{\mathrm{E}} = \frac{U_{\mathrm{T}}}{I_{\mathrm{L}}}$$

r_{E} differenzieller Widerstand der Emitterdiode

U_{T} Temperaturspannung

12.2 Bipolare Transistorschaltungen

Arbeitspunkteinstellung

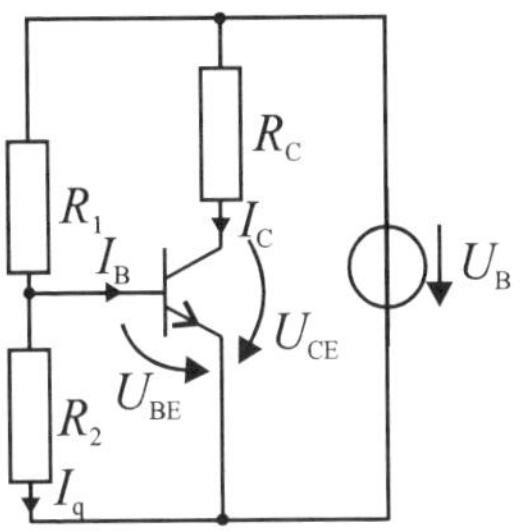

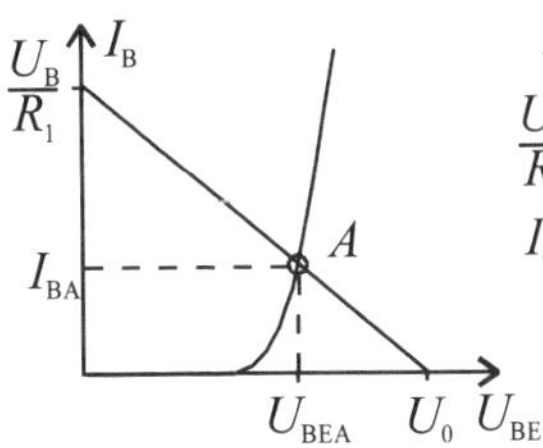

Arbeitspunkt im Eingangskennlinienfeld

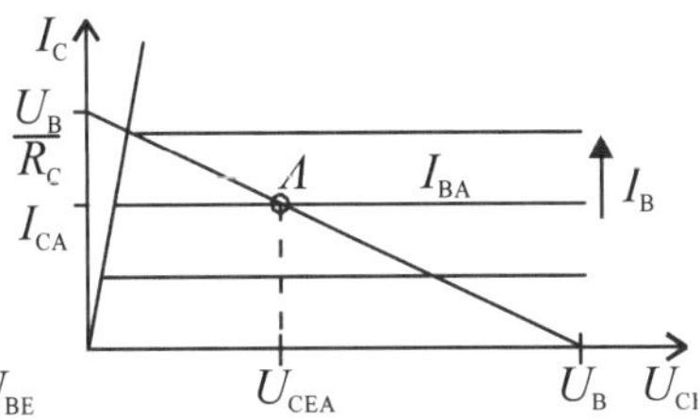

Arbeitspunkt im Ausgangskennlinienfeld

A Arbeitspunkt

I_q Querstrom $I_q = (2 \ldots 10) \cdot I_B$

U_0 Leerlaufspannung des Ersatzspannungsgenerators am Eingang: $U_0 = \frac{R_2}{R_1 + R_2} U_B$

Arbeitspunkt im Eingangskennlinienfeld ist der Schnittpunkt der Kennlinie des eingangsseitigen Ersatzspannungsgenerators

$$I_B = \frac{U_0 - U_{BE}}{R_i}$$

R_i Innenwiderstand des Ersatzspannungsgenerators am Eingang: $R_i = R_1 \parallel R_2$

mit der Transistor-Eingangskennlinie

$$I_B = f(U_{BE})$$

Arbeitspunkt im Ausgangskennlinienfeld ist der Schnittpunkt des ausgangsseitigen Ersatzspannungsgenerators

$$I_C = \frac{U_B - U_{CE}}{R_C}$$

mit der Transistor-Ausgangskennlinie

$$I_C = f(U_{CE}, I_B) \text{ für } I_B = I_{BA}$$

Sonderfälle:

Basis-Emitterspannung eingeprägt

$$I_q \gg I_B \rightarrow U_{BEA} \approx \frac{R_2}{R_1} U_B$$

Basisstrom eingeprägt

$$I_q = 0 \rightarrow I_{BA} \approx \frac{U_B}{R_1}$$

Betriebskennwerte, allgemein

Allgemeine Betriebskennwerte beschreiben das Kleinsignalverhalten eines beschalteten Zweitors.

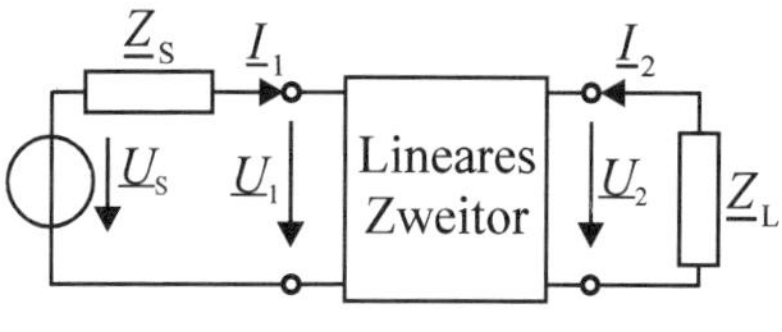

$\underline{U}_S$ Generator-Leerlaufspannung
$\underline{Z}_S$ Generator-Innenimpedanz
$\underline{Z}_L$ Lastimpedanz

Generator: $\underline{U}_1 = \underline{U}_S - \underline{Z}_S\,\underline{I}_1$

Last: $\underline{U}_2 = -\,\underline{Z}_L\,\underline{I}_2$

Zweitor: $\underline{U}_1 = h_{11}\,\underline{I}_1 + h_{12}\,\underline{U}_2$
$\underline{I}_2 = h_{21}\,\underline{I}_1 + h_{22}\,\underline{U}_2$

h_{ik} Hybridparameter

Eingangsimpedanz

$$\underline{Z}_e = \frac{\underline{U}_1}{\underline{I}_1} = \frac{h_{11} + |h| \cdot \underline{Z}_L}{1 + h_{22}\,\underline{Z}_L}$$

Ausgangsimpedanz

$$\underline{Z}_a = \left.\frac{\underline{U}_2}{\underline{I}_2}\right|_{\underline{U}_S=0} = \frac{h_{11} + \underline{Z}_S}{|h| + h_{22}\,\underline{Z}_S}$$

Spannungsverstärkung

$$\underline{V}_u = \frac{\underline{U}_2}{\underline{U}_1} = -\frac{h_{21}\,\underline{Z}_L}{h_{11} + |h|\,\underline{Z}_L}$$

Stromverstärkung

$$\underline{V}_i = \frac{\underline{I}_2}{\underline{I}_1} = \frac{h_{21}}{1 + h_{22}\,\underline{Z}_L}$$

12

$|h| = h_{11}\,h_{22} - h_{12}\,h_{21}$ Determinante von (h_{ik})

$h_{11} = \left.\dfrac{\underline{U}_1}{\underline{I}_1}\right|_{\underline{U}_2=0}$ Kurzschluss-Eingangsimpedanz

$h_{12} = \left.\dfrac{\underline{U}_1}{\underline{U}_2}\right|_{\underline{I}_1=0}$ Leerlauf-Spannungsrückwirkung

$h_{21} = \left.\dfrac{\underline{I}_2}{\underline{I}_1}\right|_{\underline{U}_2=0}$ Kurzschluss-Stromverstärkung

$h_{22} = \left.\dfrac{\underline{I}_2}{\underline{U}_2}\right|_{\underline{I}_1=0}$ Leerlauf-Ausgangsadmittanz

Betriebskennwerte der Transistorgrundschaltungen

Die Transistorgrundschaltungen

- Emitterschaltung
- Basisschaltung
- Kollektorschaltung

werden auf die Grundstruktur eines beschalteten Zweitors zurückgeführt:

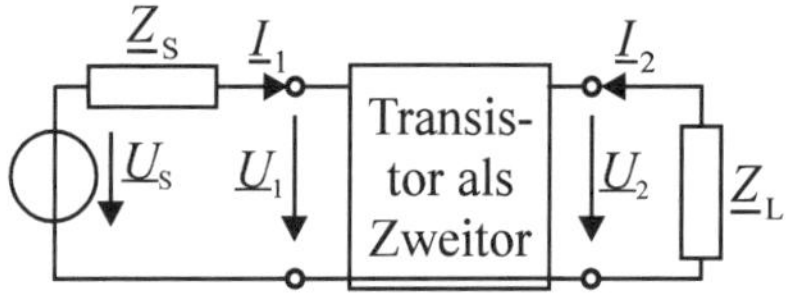

Für die Betriebskennwerte gelten die Ergebnisse, die für das beschaltete Zweitor angegeben sind.

Anmerkung: Bei den nachfolgenden Schaltungen sind die Koppel- und Blockkondensatoren so bemessen, dass sie innerhalb des betrachteten Frequenzbereiches für Wechselsignale einen Kurzschluss bilden (mittlerer Frequenzbereich).

Emitterschaltung

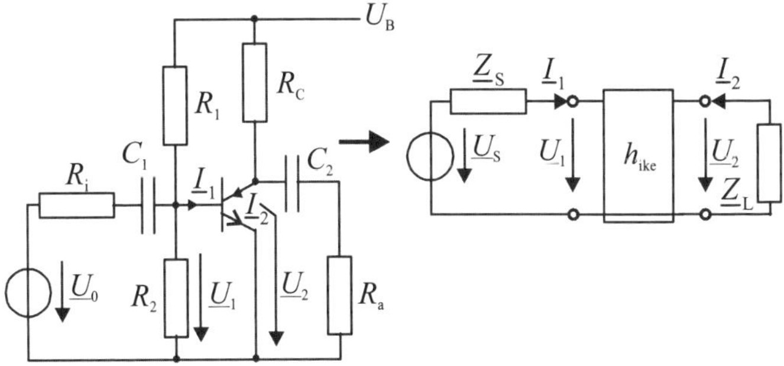

h_{ike}	Hybridparameter der Emitterschaltung
$\underline{Y}_S = \dfrac{1}{\underline{Z}_S} = G_1 + G_2 + G_i$	Generator-Admittanz
$\underline{U}_S = \dfrac{\underline{U}_0}{1 + R_i(G_1 + G_2)}$	Generator-Leerlaufspannung
$\underline{Y}_L = \dfrac{1}{\underline{Z}_L} = G_a + G_C$	Lastadmittanz

12

Basisschaltung

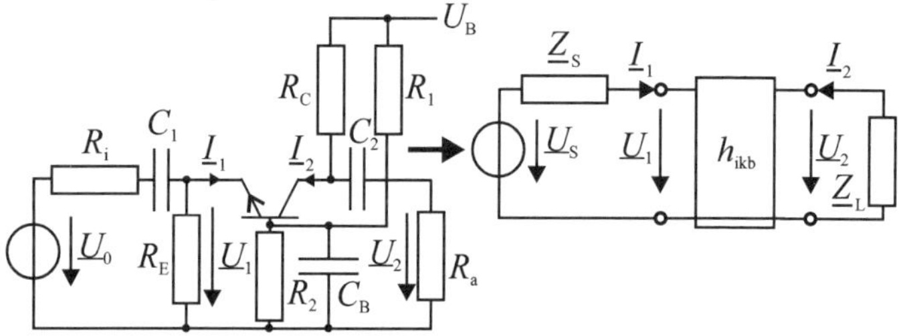

h_{ikb}	Hybridparameter der Basisschaltung
$\underline{Y}_S = \frac{1}{\underline{Z}_S} = G_E + G_i$	Generator-Admittanz
$\underline{U}_S = \frac{\underline{U}_0}{1 + R_i G_E}$	Generator-Leerlaufspannung
$\underline{Y}_L = \frac{1}{\underline{Z}_L} = G_a + G_C$	Lastadmittanz

Kollektorschaltung

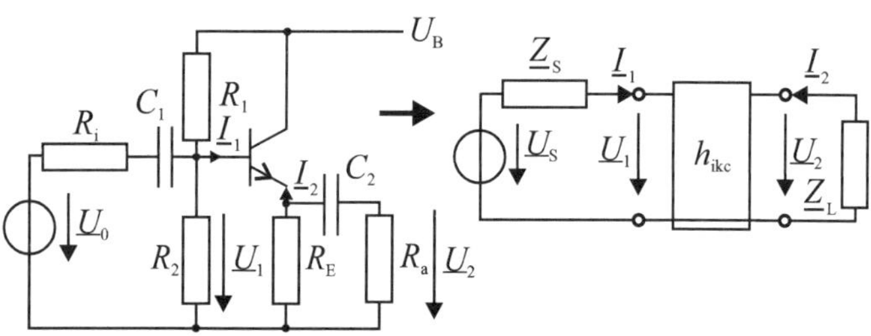

h_{ikc} Hybridparameter der Kollektorschaltung

$\underline{Y}_S = \frac{1}{\underline{Z}_S} = G_1 + G_2 + G_i$ Generator-Admittanz

$$\underline{U}_S = \frac{\underline{U}_0}{1 + R_i(G_1 + G_2)}$$ Generator-Leerlaufspannung

$$\underline{Y}_L = \frac{1}{\underline{Z}_L} = G_a + G_E$$ Lastadmittanz

Differenzverstärker

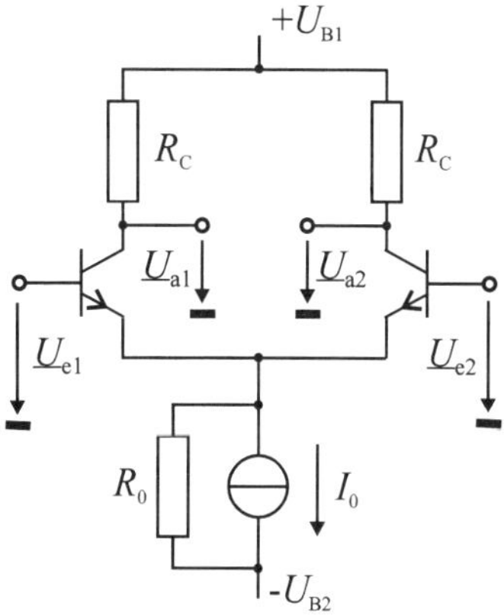

Differenzeingangsspannung

$$\underline{U}_{1d} = \underline{U}_{e1} - \underline{U}_{e2}$$

Gleichtakteingangsspannung

$$\underline{U}_{1g} = \tfrac{1}{2}(\underline{U}_{e1} + \underline{U}_{e2})$$

Differenzausgangsspannung

$$\underline{U}_{2d} = \underline{U}_{a1} - \underline{U}_{a2}$$

12

Gleichtaktausgangsspannung

$$\underline{U}_{2g} = \tfrac{1}{2}(\underline{U}_{a1} + \underline{U}_{a2})$$

Differenzverstärkung

$$V_d = \frac{\underline{U}_{2d}}{\underline{U}_{1d}} = -\frac{h_{21} R_C}{h_{11} + |h| R_C} \approx -\frac{h_{21}/h_{11}}{h_{22} + G_C}$$

Gleichtaktverstärkung

$$V_g = \frac{\underline{U}_{2g}}{\underline{U}_{1g}} \approx \frac{V_d}{1 - \frac{2R_0}{R_C} V_d}$$

Gleichtaktunterdrückung

$$G = \frac{V_d}{V_g} \approx 1 - \frac{2R_0}{R_C} V_d \approx 1 + 2\frac{R_0 h_{21}}{h_{11}(1 + h_{22} R_C)}$$

Gleichtakteingangswiderstand

$$r_g \approx \frac{h_{11} + |h| R_C}{1 + h_{22} R_C} \left(1 - \frac{2R_0}{R_C} V_d\right) \approx h_{11} G$$

Gegentakteingangswiderstand

$$r_d = 2\frac{h_{11} + |h| R_C}{1 + h_{22} R_C} \approx 2h_{11}$$

h_{ik} Hybridparameter der Emitterschaltung

$|h|$ Determinante von (h_{ik})

12.3 Unipolare Transistorschaltungen

Arbeitspunkteinstellung

für selbstleitende und selbstsperrende FET

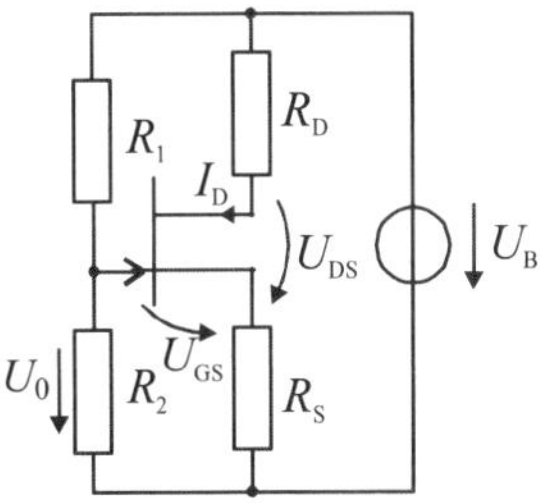

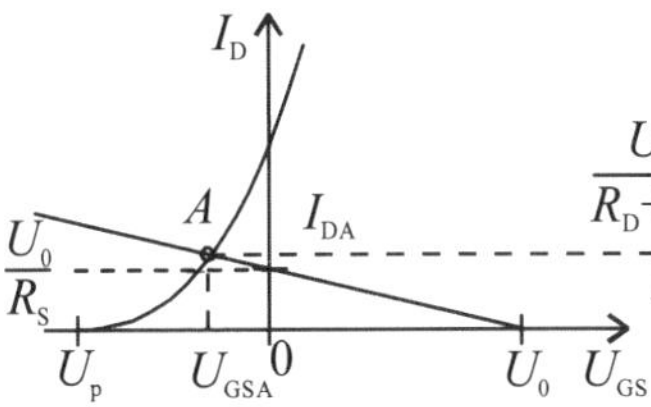

Arbeitspunkt im Steuerkenn-linienfeld

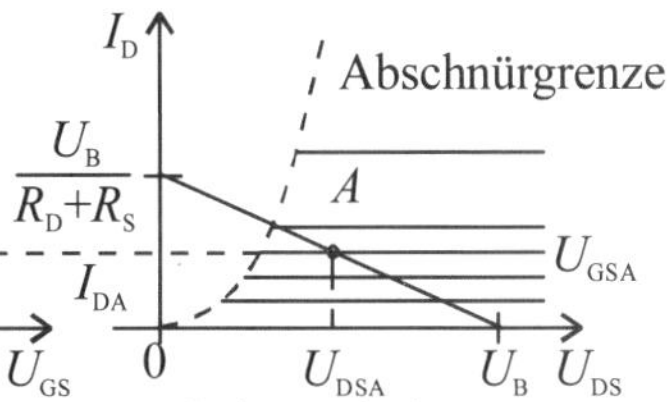

Arbeitspunkt im Aus-gangskennlinienfeld

Hilfsspannung

$$U_0 = \frac{R_2}{R_1 + R_2} U_B$$

Arbeitspunkt im Steuerkennlinienfeld ist der Schnittpunkt der Geraden

$$I_D = \frac{U_0 - U_{GS}}{R_S}$$

12

mit der Steuerkennlinie

$$I_{\mathrm{D}} = f(U_{\mathrm{GS}})$$

Arbeitspunkt im Ausgangskennlinienfeld ist der Schnittpunkt der Geraden

$$I_{\mathrm{D}} = \frac{U_{\mathrm{B}} - U_{\mathrm{DS}}}{R_{\mathrm{D}} + R_{\mathrm{S}}}$$

mit der Ausgangskennlinie

$$I_{\mathrm{D}} = f(U_{\mathrm{DS}}, U_{\mathrm{GS}}) \text{ für } U_{\mathrm{GS}} = U_{\mathrm{GSA}}$$

Betriebskennwerte der Sourceschaltung (N-Kanal)

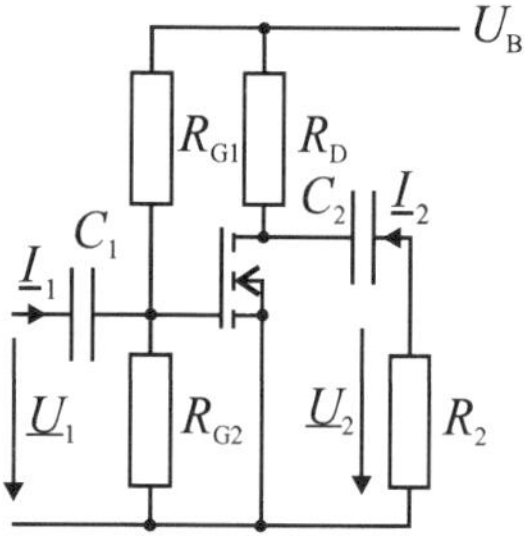

Version 1

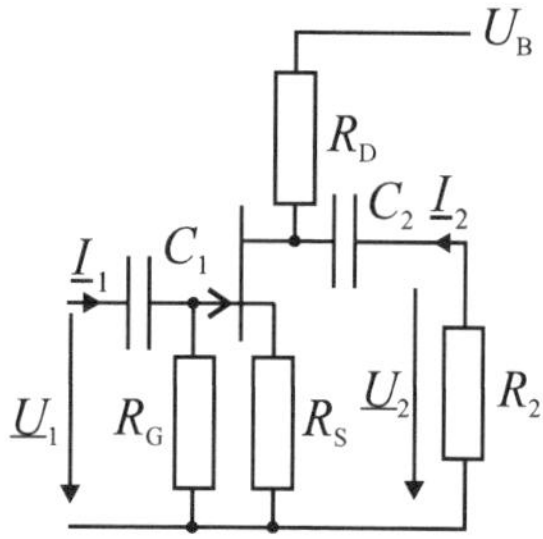

Version 2

Voraussetzung: Der Wechselstromwiderstand der Kondensatoren ist vernachlässigbar klein (mittlerer Frequenzbereich).

Betriebskennwert	Version 1	Version 2
Spannungsverstärkung $V_{\mathrm{u}} = \frac{\underline{U}_2}{\underline{U}_1}$	$-\frac{S}{g_{\mathrm{DS}} + G_{\mathrm{L}}}$	$\frac{-S}{g_{\mathrm{DS}} + G_{\mathrm{L}}} \cdot \frac{1}{1 + \frac{R_{\mathrm{S}}}{R_{\mathrm{L}}} \cdot \frac{S + g_{\mathrm{DS}}}{g_{\mathrm{DS}} + G_{\mathrm{L}}}}$

Betriebskennwert	Version 1	Version 2
Eingangswiderstand $R_e = \dfrac{\underline{U}_1}{\underline{I}_1}$	$R_{G1} \| R_{G2}$	R_G
Ausgangsleitwert $G_a = \dfrac{\underline{I}_2}{\underline{U}_2}$	$G_D + g_{DS}$	$G_D + \dfrac{g_{DS}}{1 + R_S(S + g_{DS})}$

$S = \left.\dfrac{dI_D}{dU_{GS}}\right|_A$ Steilheit im Arbeitspunkt

$g_{DS} = \left.\dfrac{dI_D}{dU_{DS}}\right|_A$ Differenzieller Ausgangsleitwert im Arbeitspunkt

$R_L = \dfrac{1}{G_L} = R_D \| R_2$ Lastwiderstand

FET als Stromquelle

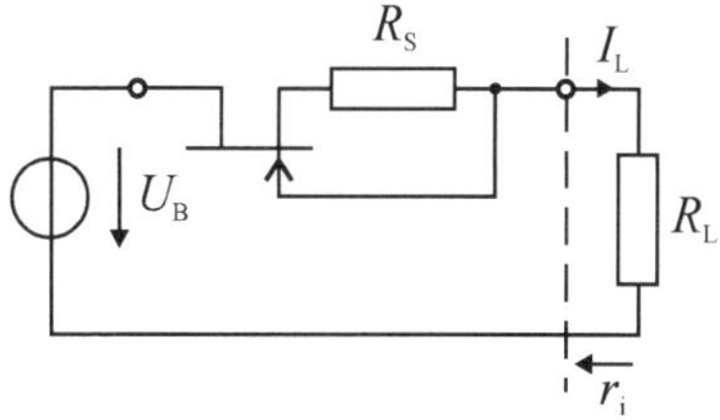

12

Dimensionierung für einen geforderten Laststrom I_L:

Laststrom

$$I_L < I_{DSS}$$

Strom-Einstellwiderstand

$$R_S = -\frac{U_p}{I_L}\left(1 - \sqrt{\frac{I_L}{I_{DSS}}}\right)$$

I_{DSS} Drain-Source-Sättigungsstrom

U_p Abschnürspannung

Versorgungsspannung

$$U_B > I_L R_L - U_p$$

R_L Lastwiderstand

Dynamischer Innenwiderstand der Stromquelle

$$r_i = R_S + r_{DS}(1 + S R_S)$$

r_{DS} differenzieller Drain-Source-Widerstand

S Steilheit

FET als steuerbarer Widerstand

Im Widerstandsbereich, d.h. für $-U_S < U_{DS} \leq U_{GS} - U_{TO}$ ist der FET zwischen Drain und Source als steuerbarer, nichtlinearer Widerstand darstellbar.

U_S Schleusenspannung der Bulk-Diode

$$R_{DS} = \frac{U_{DS}}{I_D} = \frac{1}{K\left(U_{GS} - U_{TO} - \frac{U_{DS}}{2}\right)}$$

Für $U_{DS} \geq 0$ ändert sich der Widerstand in Abhängigkeit seiner Klemmenspannung U_{DS} maximal um den Faktor 2:

$$\frac{1}{K(U_{GS} - U_{TO})} \leq R_{DS} \leq \frac{2}{K(U_{GS} - U_{TO})}$$

R_{DS} Widerstand zwischen Drain und Source

K FET-Kenngröße

U_{GS} Gate-Source-Spannung

U_{TO} Schwellspannung

U_{DS} Drain-Source-Spannung

Linearisierung durch Gegenkopplung:

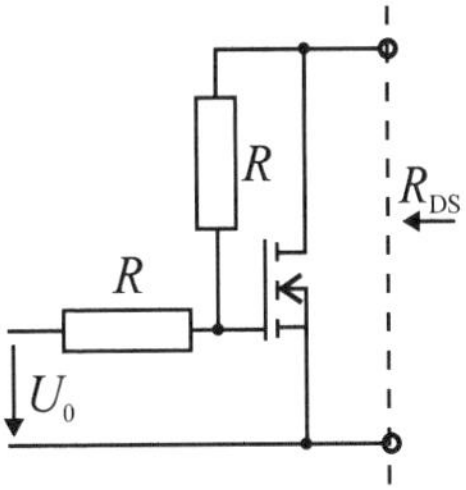

$$R_{DS} = \frac{1}{K\left(\frac{U_0}{2} - U_{TO}\right)}$$

Bedingung: $R \gg R_{DS}$

12

U_0 Steuerspannung

Differenzverstärker

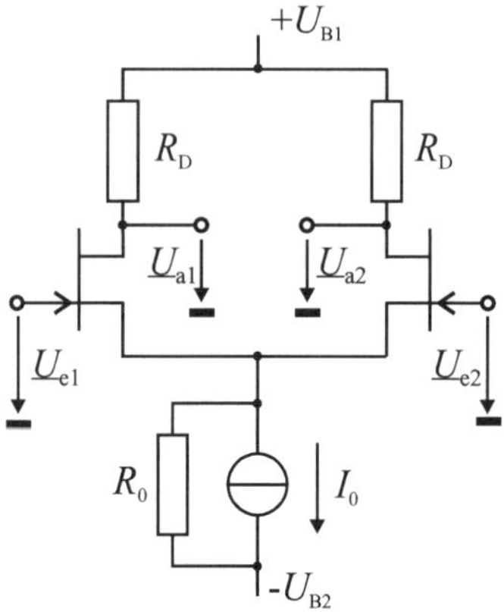

Differenzeingangsspannung

$$\underline{U}_{1d} = \underline{U}_{e1} - \underline{U}_{e2}$$

Gleichtakteingangsspannung

$$\underline{U}_{1g} = \frac{1}{2}(\underline{U}_{e1} + \underline{U}_{e2})$$

Differenzausgangsspannung

$$\underline{U}_{2d} = \underline{U}_{a1} - \underline{U}_{a2}$$

Gleichtaktausgangsspannung

$$\underline{U}_{2g} = \frac{1}{2}(\underline{U}_{a1} + \underline{U}_{a2})$$

Differenzverstärkung

$$V_{\mathrm{d}} = \frac{\underline{U}_{2\mathrm{d}}}{\underline{U}_{1\mathrm{d}}} = -\frac{S}{g_{\mathrm{DS}} + G_{\mathrm{D}}}$$

Gleichtaktverstärkung

$$V_{\mathrm{g}} = \frac{\underline{U}_{2\mathrm{g}}}{\underline{U}_{1\mathrm{g}}} = \frac{V_{\mathrm{d}}}{1 - \frac{2R_0}{R_{\mathrm{D}}} V_{\mathrm{d}}}$$

Gleichtaktunterdrückung

$$G = \frac{V_{\mathrm{d}}}{V_{\mathrm{g}}} = 1 + \frac{2\,S R_0}{1 + g_{\mathrm{DS}}\, R_{\mathrm{D}}}$$

S Steilheit

g_{DS} differenzieller Ausgangsleitwert

R_0 Innenwiderstand der Stromquelle I_0

$G_{\mathrm{D}} = \frac{1}{R_{\mathrm{D}}}$ Drain-Leitwert

12.4 Gegenkopplung

Gegenkopplung ist die gegenphasige Rückführung des Ausgangssignals auf den Eingang.

Allgemeines Blockschaltbild:

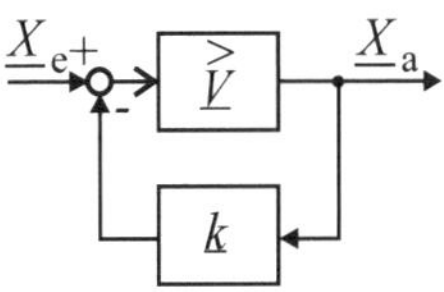

$$\underline{X}_{\mathrm{a}} = \frac{\underline{V}}{1 + \underline{k}\,\underline{V}}\,\underline{X}_{\mathrm{e}}$$

$\underline{X}_e$ Eingangsgröße
$\underline{X}_a$ Ausgangsgröße
$\underline{V}$ Verstärkung; Übertragungsfunktion des Vorwärts-Zweitors
$\underline{k}$ Gegenkoppelfaktor; Übertragungsfunktion des Rückführungs-Zweitors
$\underline{k}\underline{V}$ Schleifenverstärkung
$1+\underline{k}\underline{V}$ Gegenkopplungsgrad

Gegenkopplungsbedingung

$$|1+\underline{k}\underline{V}|>1$$

Strom-Spannungs-Gegenkopplung

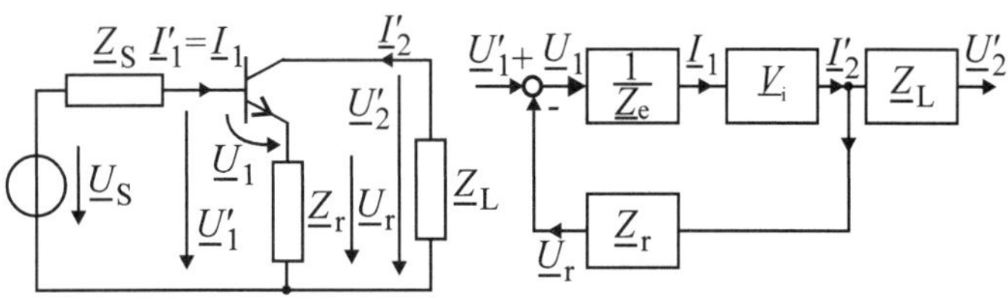

Wechselstrom-Ersatzschaltung Blockschaltbild

$\underline{Z}_r$ Gegenkoppelimpedanz
$\underline{Z}_L$ Lastimpedanz
$\underline{Z}_S$ Quellenimpedanz

Gegenkoppelfaktor

$$\underline{k}_{iu}=-\frac{\underline{Z}_r}{\underline{Z}_L}\approx\frac{\underline{U}_r}{\underline{U}'_2}$$

Betriebskennwerte (Näherungen für $|\mathbf{Z}_\mathbf{r}| < \mathbf{h}_{11e}$)

Spannungsverstärkung

$$\underline{V}_u' = \frac{\underline{U}_2'}{\underline{U}_1'} = \frac{\underline{V}_u}{1+\underline{k}_{iu}\,\underline{V}_u}$$

$\underline{V}_u$ Spannungsverstärkung der nicht gegengekoppelten Stufe ($\underline{Z}_r = 0$)

Stromverstärkung

$$\underline{V}_i' = \frac{\underline{I}_2'}{\underline{I}_1'} = \underline{V}_i$$

$\underline{V}_i$ Stromverstärkung der nicht gegengekoppelten Stufe ($Z_r = 0$)

Eingangsimpedanz

$$\underline{Z}_e' = \frac{\underline{U}_1'}{\underline{I}_1'} = \underline{Z}_e(1+\underline{k}_{iu}\,\underline{V}_u)$$

$\underline{Z}_e$ Eingangsimpedanz der nicht gegengekoppelten Stufe ($\underline{Z}_r = 0$)

Ausgangsimpedanz

$$\underline{Z}_a' = \frac{\underline{U}_2'}{\underline{I}_2'} = \begin{cases} \underline{Z}_a\left(1+\dfrac{h_{21}\underline{Z}_r}{h_{11}+\underline{Z}_S}\right) & \text{für } \underline{Z}_S \text{ beliebig} \\ \underline{Z}_a(1+\underline{k}_{iu}\,\underline{V}_u) & \text{für } \underline{Z}_s \to 0 \\ \underline{Z}_a & \text{für } \underline{Z}_S \to \infty \end{cases}$$

12

$\underline{Z}_a$ Ausgangsimpedanz der nicht gegengekoppelten Stufe ($Z_r = 0$)

Spannungs-Strom-Gegenkopplung

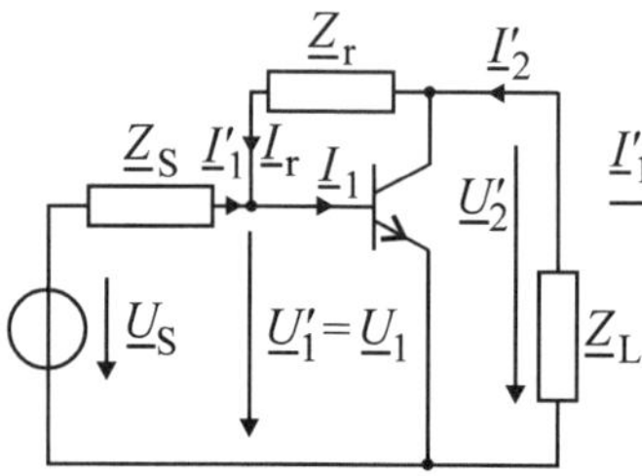

Wechselstrom-Ersatzschaltung

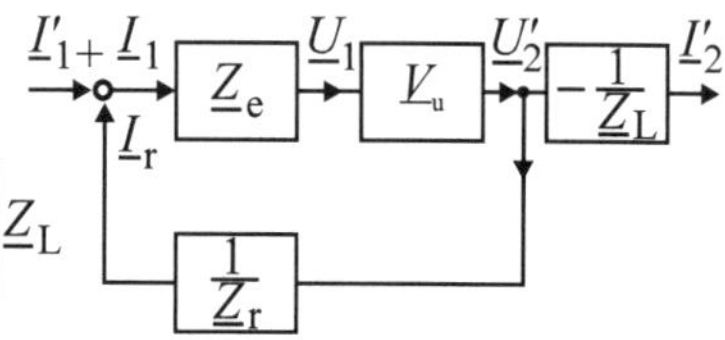

Blockschaltbild

$\underline{Z}_r$ Gegenkoppelimpedanz
$\underline{Z}_L$ Lastimpedanz
$\underline{Z}_S$ Quellenimpedanz

Gegenkoppelfaktor

$$\underline{k}_{ui} = \frac{\underline{Z}_L}{\underline{Z}_r} \approx \frac{\underline{I}_r}{\underline{I}'_2}$$

Betriebskennwerte (Näherungen für $|Z_r| > |Z_L|$)

Stromverstärkung

$$\underline{V}'_i = \frac{\underline{I}'_2}{\underline{I}'_1} = \frac{\underline{V}_i}{1 + \underline{k}_{ui}\,\underline{V}_i}$$

$\underline{V}_i$ Stromverstärkung der nicht gegengekoppelten Stufe ($\underline{Y}_r = 0$)

Spannungsverstärkung

$$\underline{V}_u' = \frac{\underline{U}_2'}{\underline{U}_1'} = \underline{V}_u$$

$\underline{V}_u$ Spannungsverstärkung der nicht gegengekoppelten Stufe ($\underline{Y}_r = 0$)

Eingangsimpedanz

$$\underline{Z}_e' = \frac{\underline{U}_1'}{\underline{I}_2'} = \frac{\underline{Z}_e}{1 + \underline{k}_{ui}\,\underline{V}_i}$$

$\underline{Z}_e$ Eingangsimpedanz der nicht gegengekoppelten Stufe ($\underline{Y}_r = 0$)

Ausgangsimpedanz

$$\underline{Z}_a' = \frac{\underline{U}_2'}{\underline{I}_2'} = \begin{cases} \dfrac{\underline{Z}_a}{1 - \frac{z_{21}\underline{Y}_r}{1+z_{11}\underline{Y}_S}} & \text{für } \underline{Z}_S \text{ beliebig} \\ \dfrac{\underline{Z}_a}{1 + \underline{k}_{ui}\,\underline{V}_i} & \text{für } \underline{Z}_S \to \infty \\ \underline{Z}_a & \text{für } \underline{Z}_S \to 0 \end{cases}$$

$\underline{Z}_a$ Ausgangsimpedanz der nicht gegengekoppelten Stufe ($\underline{Y}_r = 0$)

12

Spannungsverstärkung der Gesamtschaltung

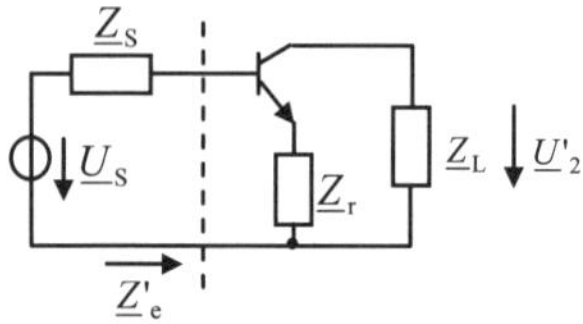

$$\underline{V}_u'' = \frac{\underline{U}_2'}{\underline{U}_S} = \frac{\underline{Z}_e'}{\underline{Z}_S + \underline{Z}_e'}\underline{V}_u$$

$$\underline{V}_u'' = \frac{\underline{\tilde{V}}_u}{1+\underline{\tilde{k}}_{ui}\,\underline{\tilde{V}}_u}$$

$$\underline{\tilde{V}}_u = \frac{\underline{V}_u}{1+\frac{\underline{Z}_S}{\underline{Z}_e}} \qquad \underline{\tilde{k}}_{ui} = -\frac{\underline{Z}_S}{\underline{Z}_r}$$

$\underline{Z}_S$ Quellenimpedanz

$\underline{Z}_r$ Gegenkoppelimpedanz

$\underline{\tilde{k}}_{ui}$ Gegenkoppelfaktor

$\underline{Z}_e$ Eingangsimpedanz der nicht gegengekoppelten Stufe ($\underline{Y}_r = 0$)

$\underline{V}_u$ Spannungsverstärkung der nicht gegengekoppelten Stufe ($\underline{Y}_r = 0$)

$\underline{Z}_e'$ Eingangsimpedanz der gegengekoppelten Stufe
$\underline{Y}_e' = \underline{Y}_e - \underline{V}_u\,\underline{Y}_r$

12.5 Operationsverstärker

1. Idealer Operationsverstärker

Nichtinvertierender Verstärker

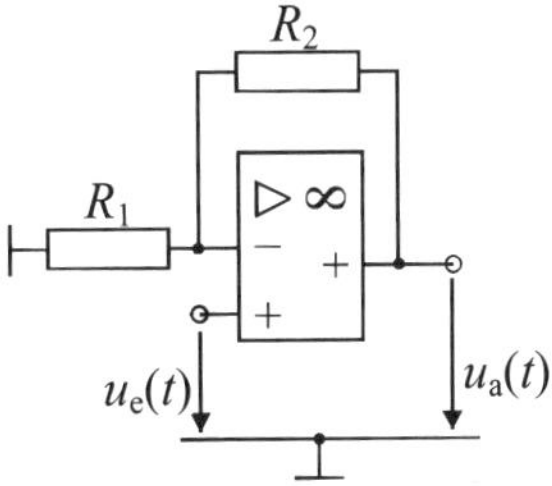

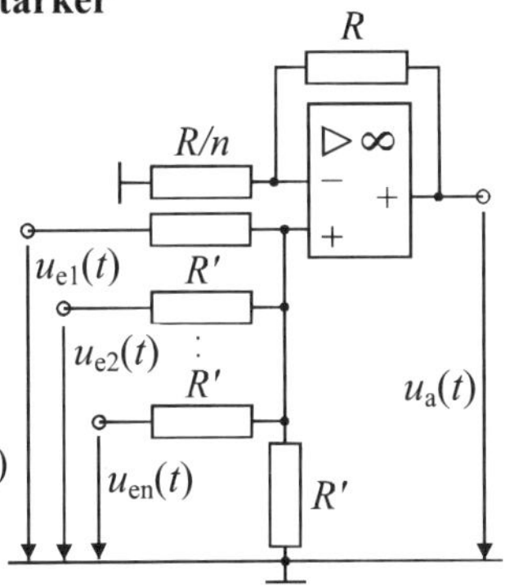

$$u_a(t) = \left(1 + \frac{R_2}{R_1}\right) u_e(t)$$

$$u_a(t) = \sum_{k=1}^{n} u_{ek}(t)$$

Invertierender Verstärker

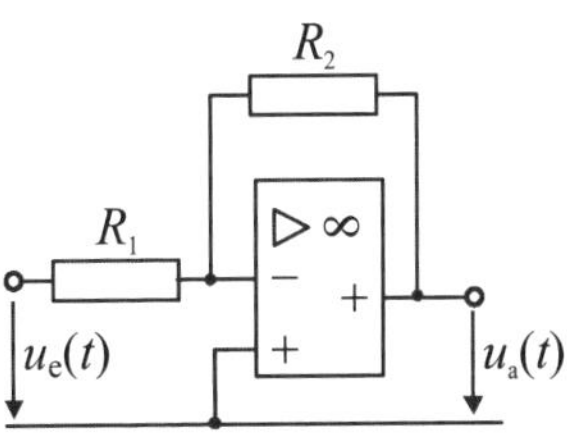

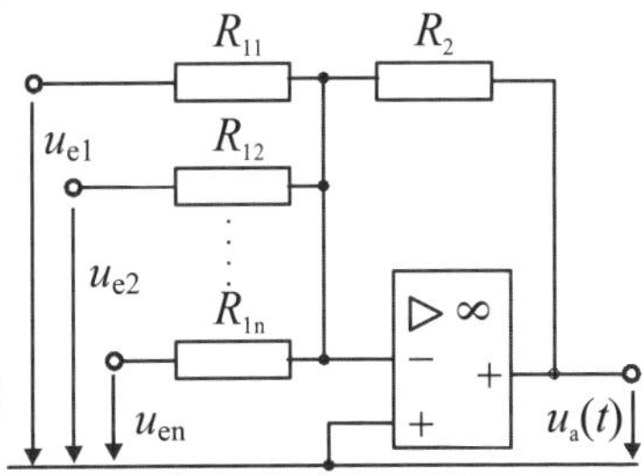

$$u_a(t) = -\frac{R_2}{R_1} u_e(t)$$

$$u_a(t) = -\sum_{k=1}^{n} \frac{R_2}{R_{1k}} u_{ek}(t)$$

12

Differenzverstärker

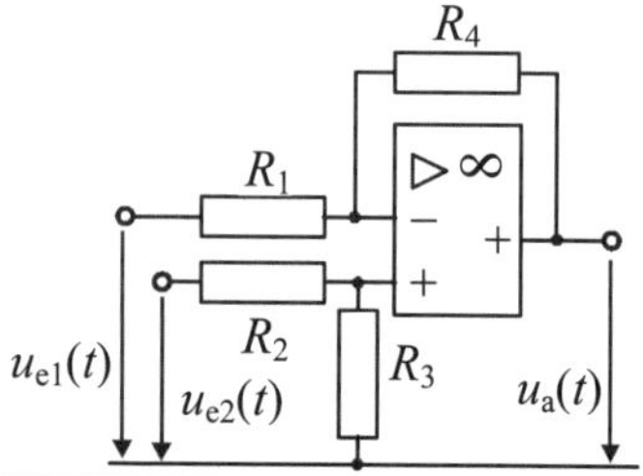

$$u_a(t) = -\frac{R_4}{R_1} u_{e1}(t) + \frac{1+\frac{R_4}{R_1}}{1+\frac{R_2}{R_3}} u_{e2}(t)$$

Sonderfall: Für $\frac{R_4}{R_1} = \frac{R_3}{R_2}$ ist $u_a(t) = u_{e2}(t) - u_{e1}(t)$

Integrierer

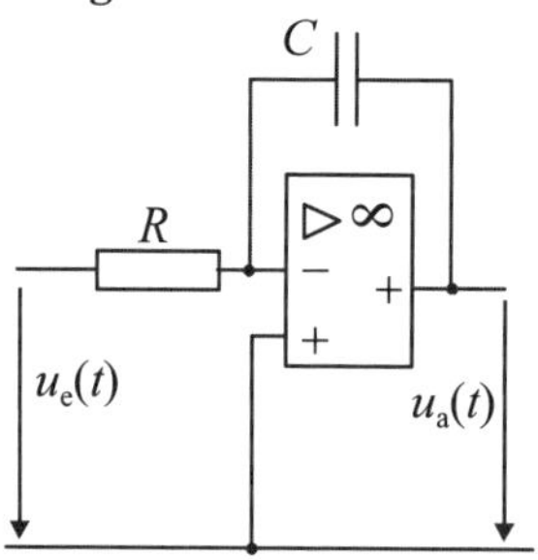

invertierend

$$u_a(t) = -\frac{1}{RC} \int u_e(t)\,\mathrm{d}t$$

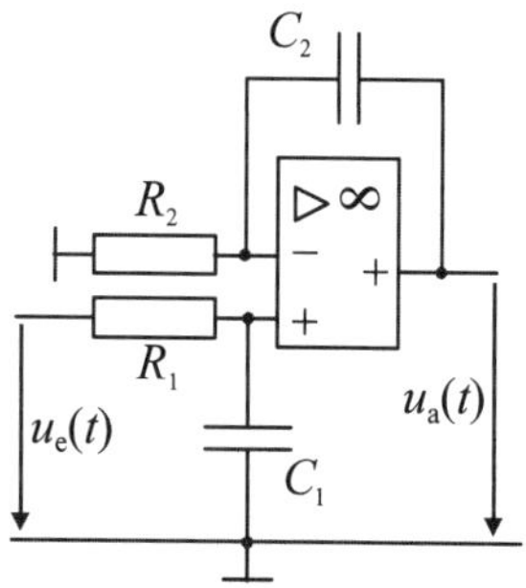

nichtinvertierend

Für $R_1 C_1 = R_2 C_2 = RC$

$$u_a(t) = \frac{1}{RC} \int u_e(t)\,\mathrm{d}t$$

Differenzierer

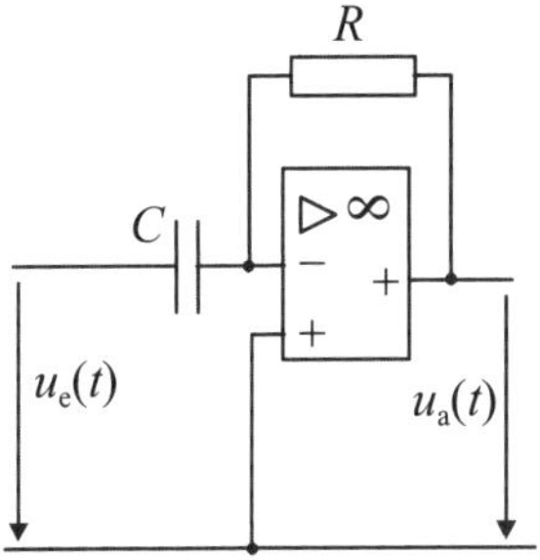

invertierend

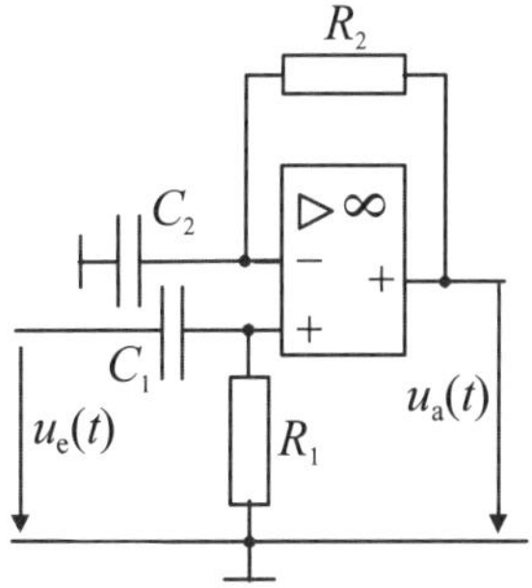

nichtinvertierend

$$u_a(t) = -RC\frac{d}{dt}u_e(t)$$

Für $R_1C_1 = R_2C_2 = RC$

$$u_a(t) = RC\frac{d}{dt}u_e(t)$$

Aktive Filter

Tiefpass 1. Ordnung

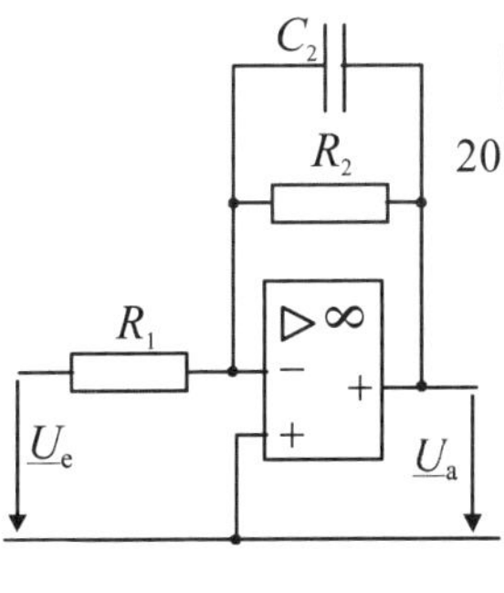

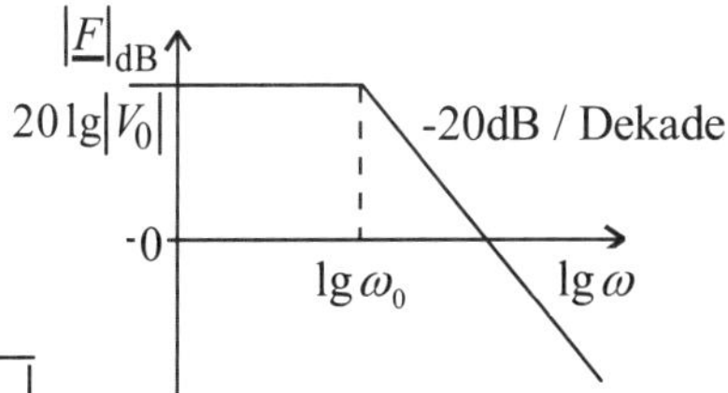

Amplitudengang (asymptotische Näherung)

Spannungsübertragungsfunktion (Frequenzgang)

$$\underline{F}=\frac{\underline{U}_{\mathrm{a}}}{\underline{U}_{\mathrm{e}}}=\frac{V_0}{1+\mathrm{j}\dfrac{\omega}{\omega_0}}=\frac{|V_0|}{\sqrt{1+\left(\dfrac{\omega}{\omega_0}\right)^2}}\mathrm{e}^{-\mathrm{j}\left(\pi+\arctan\frac{\omega}{\omega_0}\right)}$$

Verstärkung für tiefe Frequenzen

$$V_0=-\frac{R_2}{R_1}$$

Eckkreisfrequenz

$$\omega_0=\frac{1}{R_2C_2}$$

Tiefpass 2. Ordnung

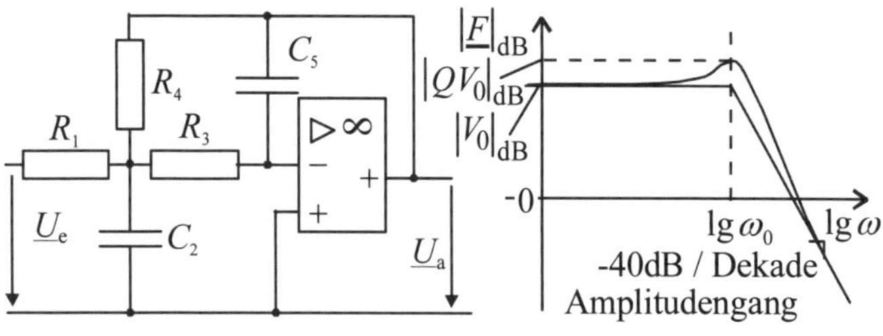

Spannungsübertragungsfunktion (Frequenzgang)

$$\underline{F}=\frac{\underline{U}_{\mathrm{a}}}{\underline{U}_{\mathrm{e}}}=\frac{V_0}{1-\left(\dfrac{\omega}{\omega_0}\right)^2+\mathrm{j}\dfrac{1}{Q}\left(\dfrac{\omega}{\omega_0}\right)}$$

Verstärkung für tiefe Frequenzen

$$V_0 = -\frac{R_4}{R_1}$$

Eckkreisfrequenz

$$\omega_0 = \frac{1}{\sqrt{R_3 R_4 C_2 C_5}}$$

Güte

$$Q = \frac{\sqrt{\frac{C_2}{C_5}}}{\sqrt{\frac{R_3}{R_4}}(1-V_0) + \sqrt{\frac{R_4}{R_3}}}$$

Hochpass 1. Ordnung

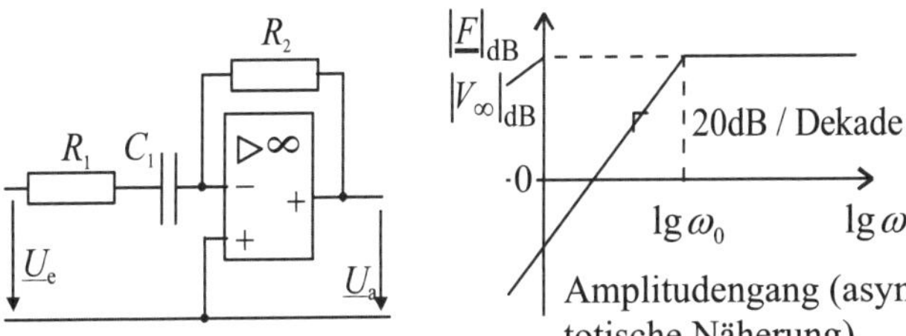

Amplitudengang (asymptotische Näherung)

Spannungsübertragungsfunktion (Frequenzgang)

$$\underline{F} = \frac{\underline{U}_a}{\underline{U}_e} = \frac{V_\infty}{1 - j\frac{\omega_0}{\omega}} = \frac{|V_\infty|}{\sqrt{1+\left(\frac{\omega_0}{\omega}\right)^2}} e^{-j\left(\pi - \arctan\frac{\omega_0}{\omega}\right)}$$

12

Verstärkung bei hohen Frequenzen

$$V_\infty = -\frac{R_2}{R_1}$$

Eckkreisfrequenz

$$\omega_0 = \frac{1}{R_1 C_1}$$

Hochpass 2. Ordnung

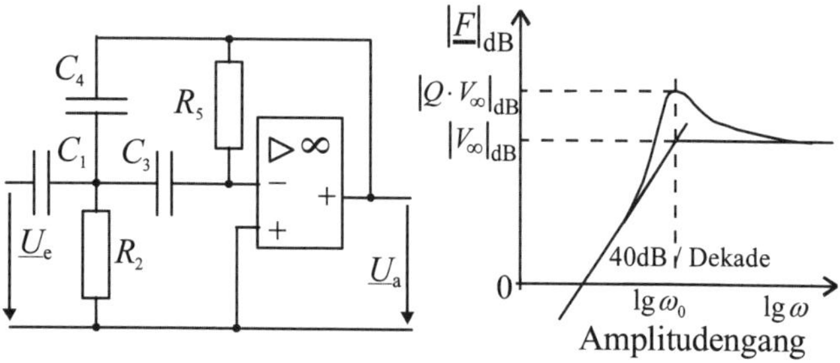

Spannungsübertragungsfunktion (Frequenzgang)

$$\underline{F} = \frac{\underline{U}_a}{\underline{U}_e} = \frac{V_\infty}{1 - \left(\frac{\omega_0}{\omega}\right)^2 - j\frac{1}{Q}\left(\frac{\omega_0}{\omega}\right)}$$

Verstärkung bei hohen Frequenzen

$$V_\infty = -\frac{C_1}{C_4}$$

Eckkreisfrequenz

$$\omega_0 = \frac{1}{\sqrt{R_2\, R_5\, C_3\, C_4}}$$

Güte

$$Q = \frac{\sqrt{\frac{R_5}{R_2}}}{\sqrt{\frac{C_4}{C_3}}(1 - V_\infty) + \sqrt{\frac{C_3}{C_4}}}$$

Bandpass 2. Ordnung

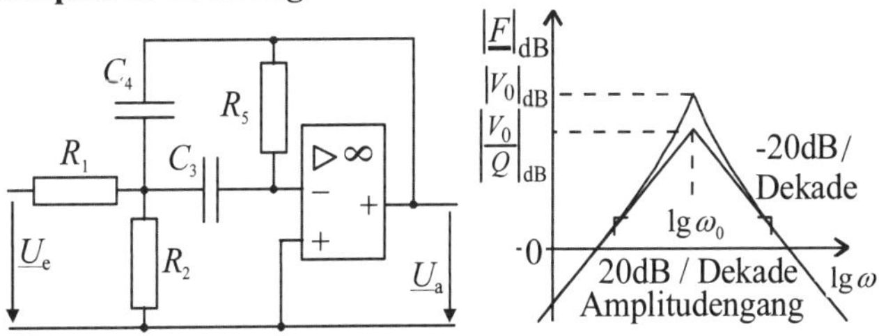

Spannungsübertragungsfunktion (Frequenzgang)

$$\underline{F} = \frac{\underline{U}_a}{\underline{U}_e} = \frac{V_0}{1 + j\,Q\left(\frac{\omega}{\omega_0} - \frac{\omega_0}{\omega}\right)}$$

Verstärkung bei $\omega = \omega_0$

$$V_0 = -\frac{R_5}{R_1\left(1 + \frac{C_4}{C_3}\right)}$$

Bandmittenkreisfrequenz

$$\omega_0 = \sqrt{\frac{\frac{1}{R_1} + \frac{1}{R_2}}{R_5 C_3 C_4}}$$

Güte

$$Q = \frac{\sqrt{R_5\left(\frac{1}{R_1} + \frac{1}{R_2}\right)}}{\sqrt{\frac{C_3}{C_4}} + \sqrt{\frac{C_4}{C_3}}}$$

2. Realer Operationsverstärker

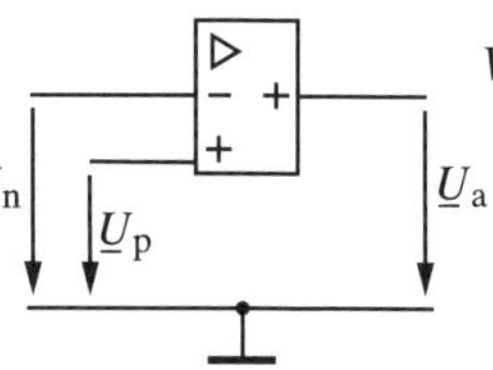

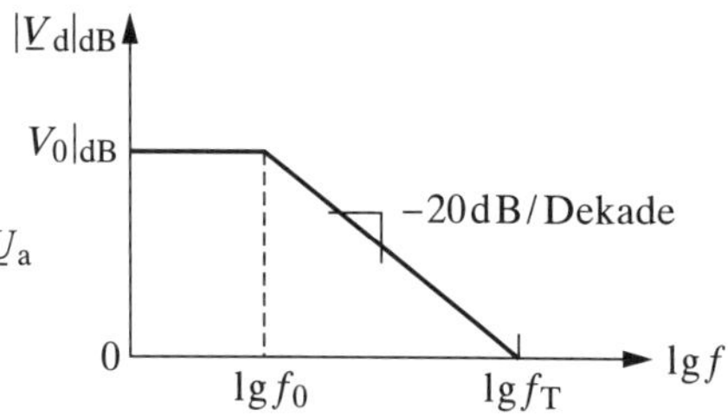

Amplitudengang
(asymptotische Näherung)

Differenzverstärkung

$$\underline{V}_d = \frac{\underline{U}_a}{\underline{U}_p - \underline{U}_n} = \frac{V_0}{1 + jf/f_0}$$

V_0 Leerlaufverstärkung für $f \to 0$

f_0 obere Grenzfrequenz

Gleichtaktverstärkung

$$\underline{V}_g = \frac{\underline{U}_a}{\frac{1}{2}(\underline{U}_p + \underline{U}_n)}$$

Gleichtaktunterdrückung

$$G = \left| \frac{\underline{V}_d}{\underline{V}_g} \right|$$

Transitfrequenz

$$f_T = V_0 \cdot f_0$$

Nichtinvertierender Verstärker

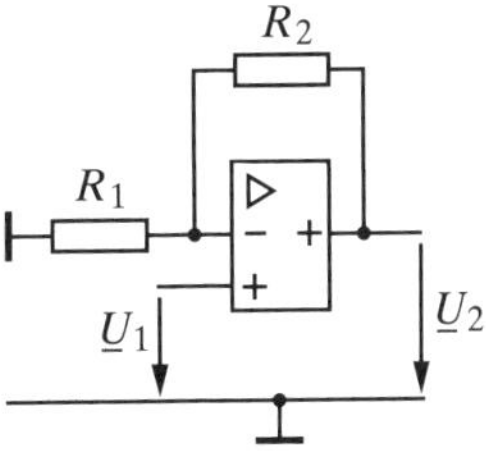

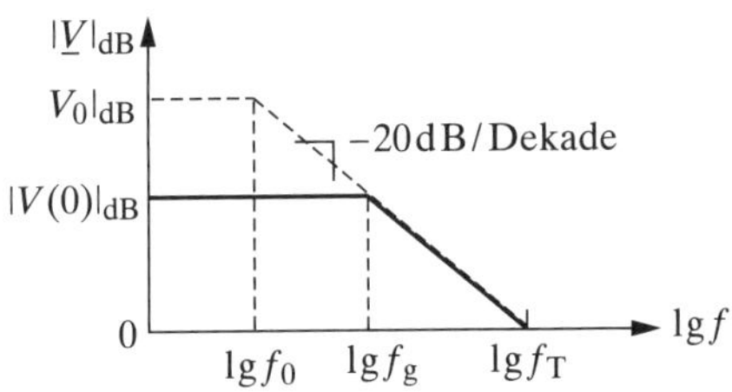

Amplitudengang
(asymptotische Näherung)

12

Spannungsverstärkung

$$\underline{V} = \frac{\underline{U}_2}{\underline{U}_1} = \frac{V(0)}{1 + \mathrm{j}f/f_\mathrm{g}}$$

Verstärkung für $f \to 0$

$$V(0) = \frac{V_0}{1 + \dfrac{V_0}{1 + R_2/R_1}}$$

Obere Grenzfrequenz

$$f_\mathrm{g} = f_0 \left(1 + \frac{V_0}{1 + R_2/R_1}\right)$$

Bandbreiten-Verstärkungs-Produkt

$$f_\mathrm{g} \cdot V(0) = f_\mathrm{T}$$

Invertierender Verstärker

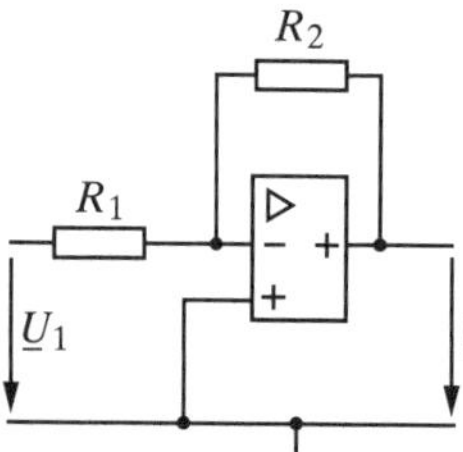

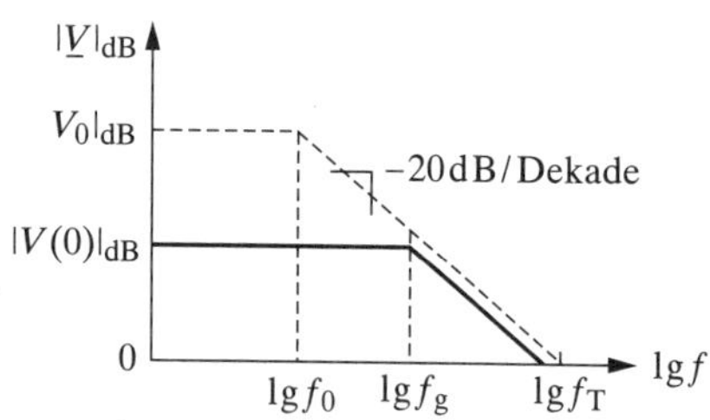

Amplitudengang
(asymptotische Näherung)

Spannungsverstärkung

$$\underline{V} = \frac{\underline{U}_2}{\underline{U}_1} = \frac{V(0)}{1 + \mathrm{j}f/f_g}$$

Verstärkung für $f \to 0$

$$V(0) = -\frac{V_0}{1 + \frac{R_1}{R_2}(1 + V_0)}$$

Obere Grenzfrequenz

$$f_g = f_0 \left(1 + \frac{V_0}{1 + R_2/R_1}\right)$$

Bandbreiten-Verstärkungs-Produkt

$$f_g \cdot |V(0)| = \frac{R_2}{R_1 + R_2} f_T$$

12.6 Oszillatoren

Ein rückgekoppeltes System schwingt, wenn seine Schleifenverstärkung $\underline{kV} = 1$ wird.

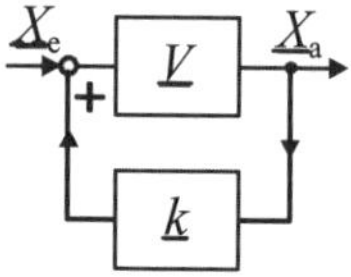

Schwingbedingung

$$\underline{kV} = 1$$

bzw.

$$|\underline{k}| \cdot |\underline{V}| = 1$$

$$\varphi_k + \varphi_v = n \cdot 2\pi \quad n \in \mathbb{N}$$

$\underline{k} = |\underline{k}| e^{j\varphi_k}$ Rückkopplungsfaktor; Übertragungsfunktion des Rückführungszweitors

$\underline{V} = |\underline{V}| e^{j\varphi_v}$ Verstärkung; Übertragungsfunktion des Vorwärtszweitors

Phasenschieberoszillator

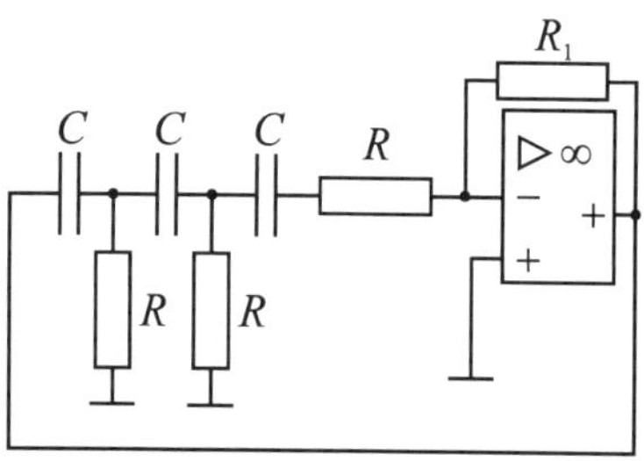

Rückkopplungsfaktor

$$\underline{k} = \frac{1}{1 - 5\Omega^2 - j\Omega(6 - \Omega^2)}$$

mit $\Omega = \dfrac{1}{\omega RC}$

Verstärkung

$$V = -\frac{R_1}{R}$$

Schwingbedingung

$\varphi_K = 180°$, d.h., $\Omega^2 = 6$ bzw.

$$f_0 = \frac{1}{2\pi\sqrt{6}RC}$$
$$V = -29$$

f_0 Schwingfrequenz

Wienbrückenoszillator

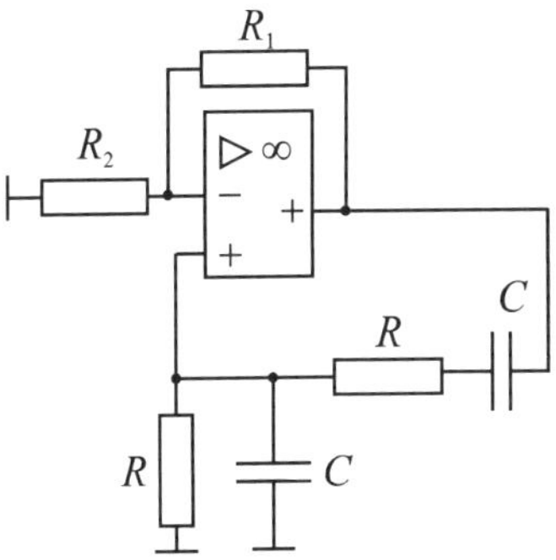

Rückkopplungsfaktor

$$\underline{k} = \frac{1}{3 + \mathrm{j}\left(\frac{\omega}{\omega_0} - \frac{\omega_0}{\omega}\right)}$$

mit $\omega_0 = \frac{1}{RC}$

Verstärkung

$$V = 1 + \frac{R_1}{R_2}$$

Schwingbedingung

$\varphi_\mathrm{k} = 0$, d.h., $\omega = \omega_0$ bzw.

$$f_0 = \frac{1}{2\pi RC}$$
$$V = 3$$

f_0 Schwingfrequenz

Meißner-Oszillator

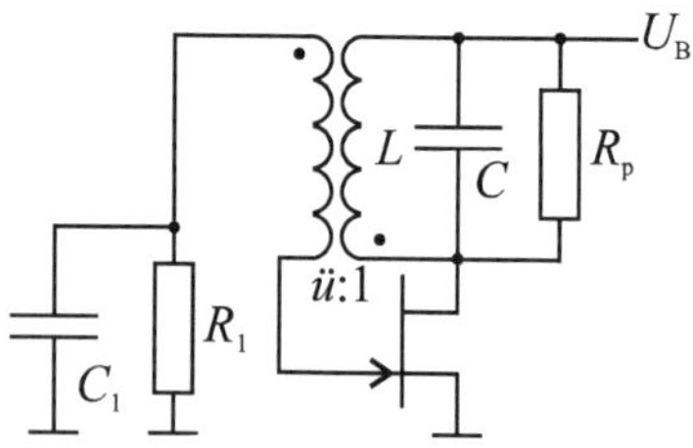

Rückkopplungsfaktor

$$k = -\ddot{u}$$

Verstärkung

$$\underline{V} = -\frac{S}{G_\mathrm{p}\left[1 + \mathrm{j}Q\left(\frac{\omega}{\omega_0} - \frac{\omega_0}{\omega}\right)\right]}$$

Schwingbedingung

$\varphi_\mathrm{V} = 180°$, d.h., $\omega = \omega_0$ bzw.

$$f_0 = \frac{1}{2\pi\sqrt{LC}}$$

$$\ddot{u} = \frac{1}{S\,R_\mathrm{p}}$$

$\ddot{u}$ Übersetzungsverhältnis des Übertragers

S Steilheit des FET

$R_\mathrm{p} = 1/G_\mathrm{p}$ Resonanzwiderstand des Schwingkreises

Q Schwingkreisgüte

$$Q = R_\mathrm{p}\sqrt{\frac{C}{L}}$$

ω_0 Resonanzkreisfrequenz

$$\omega_0 = 2\pi f_0$$

Colpitts-Oszillator

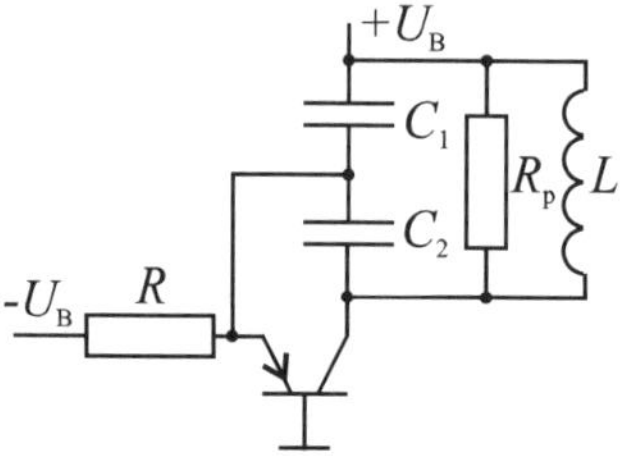

Bedingung: $C_1 \gg C_2$

Rückkopplungsfaktor

$$k = \frac{C_2}{C_1}$$

Verstärkung

$$\underline{V} \approx \frac{S}{G_\mathrm{p}\left[1 + \mathrm{j}Q\left(\frac{\omega}{\omega_0} - \frac{\omega_0}{\omega}\right)\right]}$$

Schwingbedingung

$\varphi_\mathrm{V} = 0$, d.h., $\omega \approx \omega_0$ bzw.

$$f_0 \approx \frac{1}{2\pi\sqrt{LC_2}}$$

$$k \approx \frac{1}{S\,R_\mathrm{p}}$$

S Steilheit des Transistors

$R_\mathrm{p} = 1/G_\mathrm{p}$ Resonanzwiderstand des Schwingkreises

Q Schwingkreisgüte

$$Q \approx R_\mathrm{p}\sqrt{\frac{C_2}{L}}$$

ω_0 Resonanzkreisfrequenz

$$\omega_0 = 2\pi f_0$$

12.7 Digitale Schaltungen

Bipolarer Transistorschalter

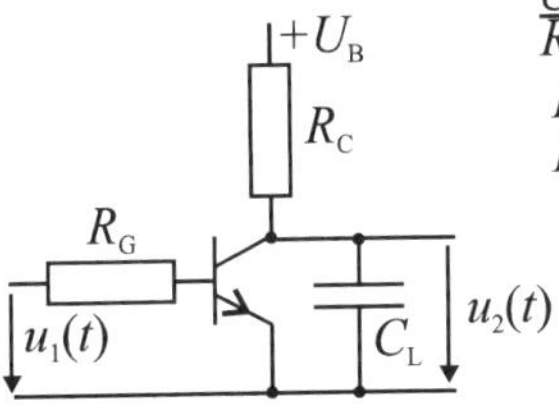

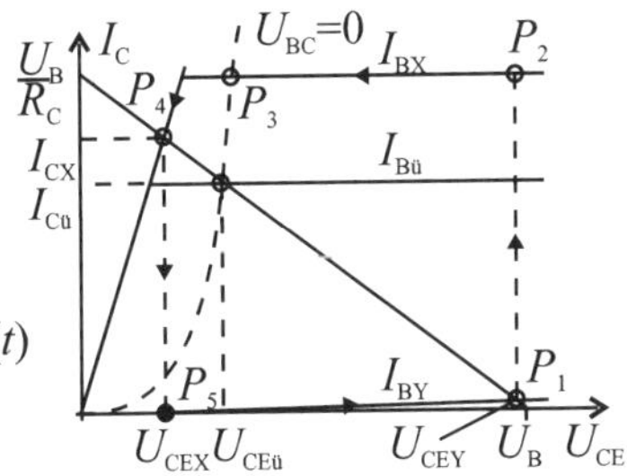

X	EIN-Zustand
Y	AUS-Zustand

Schaltwege im Ausgangskennlinienfeld:

EIN:

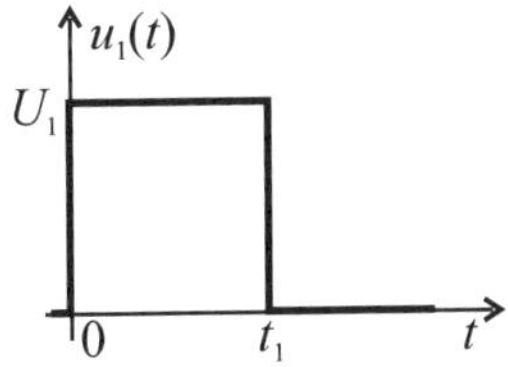

$$\begin{array}{llll} P_1 & \to P_2 & \to P_3 & \to P_4 \\ t = 0 & \to +0 & \to t' & \to > (t' + 3\tau') \end{array}$$

AUS: $P_4 \quad \rightarrow P_5 \quad \rightarrow P_1$

$t = t_1 \rightarrow t_1 + 0 \rightarrow > (t_1 + 3\tau)$

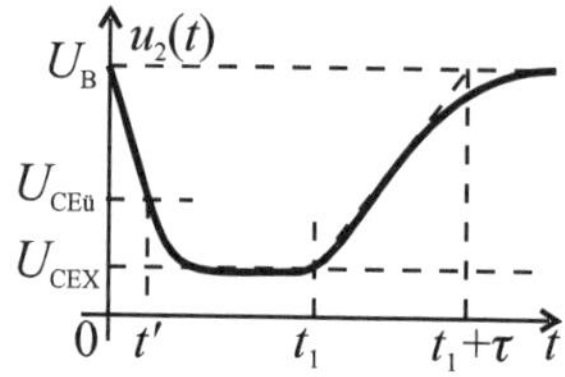

Ausgangsspannungsverlauf

$$u_2(t) = \begin{cases} U_\mathrm{B} - B\, R_\mathrm{C}\, I_\mathrm{BX}\left(1 - \mathrm{e}^{\frac{-t}{\tau}}\right) & \text{für } 0 \le t < t' \\ U_\mathrm{CEX} + (U_\mathrm{CEü} - U_\mathrm{CEX})\,\mathrm{e}^{-\frac{t-t'}{\tau'}} & \text{für } t' \le t < t_1 \\ U_\mathrm{CEX} + (U_\mathrm{B} - U_\mathrm{CEX})\left(1 - \mathrm{e}^{-\frac{t-t_1}{\tau}}\right) & \text{für } t \ge t_1 \end{cases}$$

I_BX Basisstrom im EIN-Zustand ($u_1(t) = U_1$)

$I_\mathrm{Bü}$ Basisstrom für $U_\mathrm{CB} = 0$, Transistor einfach gesättigt

I_BY Basisstrom im AUS-Zustand

$$I_\mathrm{BY} = -I_\mathrm{CBO}$$

B statische Stromverstärkung

$$B = \frac{I_\mathrm{CÜ}}{I_\mathrm{Bü}}$$

Zeitkonstanten

$$\tau = R_\mathrm{C} C_\mathrm{L}$$

$$\tau' = (R_\mathrm{ON} \| R_\mathrm{C})\, C_\mathrm{L}$$

EIN-Widerstand

$$R_{ON} = \frac{U_{CEX}}{I_{CX}}$$

R_C Kollektorwiderstand
C_L Lastkapazität

Übersteuerungsgrad

$$m = \frac{I_{BX}}{I_{Bü}} = \frac{BI_{BX}}{I_{Cü}}$$

Einschaltzeit

$$t_E = \tau \ln \frac{m}{m-1} \approx \frac{\tau}{m}$$

Ausschaltzeit

$$t_A = \tau \ln 9 = 2{,}2\,\tau$$

Unipolarer Transistorschalter

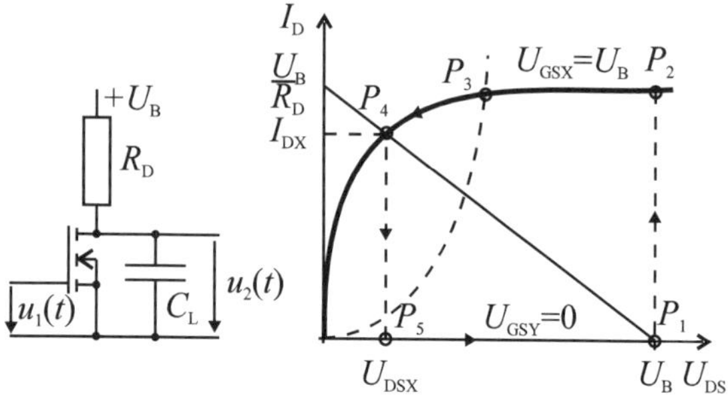

X	EIN-Zustand
Y	AUS-Zustand

Schaltwege im Ausgangskennlinienfeld:

EIN: $P_1 \rightarrow P_2 \rightarrow P_3 \rightarrow P_4$

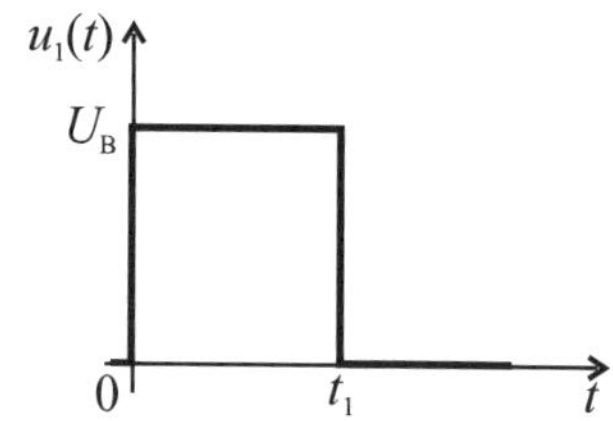

AUS: $P_4 \rightarrow P_5 \rightarrow P_1$

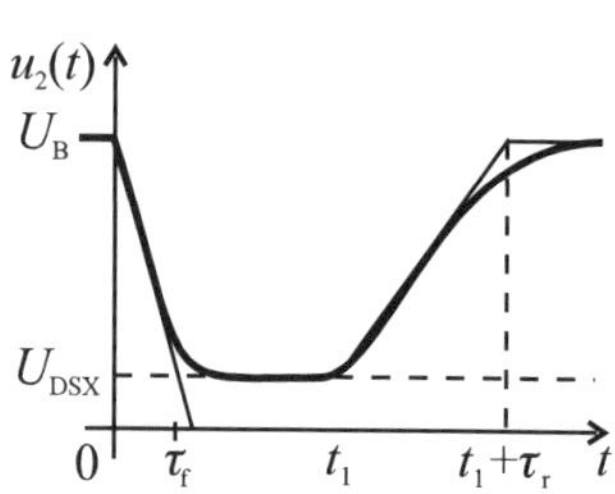

Ausgangsspannungsverlauf

$$u_2(t) = \begin{cases} U_{DSX} + (U_B - U_{DSX})\,e^{-\frac{t}{\tau_f}} & \text{für } 0 \le t < t_1 \\ U_{DSX} + (U_B - U_{DSX})\left(1 - e^{-\frac{t-t_1}{\tau_r}}\right) & \text{für } t \ge t_1 \end{cases}$$

U_{GSX} Gate-Source-Spannung im EIN-Zustand

$U_{GSX} = U_B$

U_{GSY} Gate-Source-Spannung im AUS-Zustand

$U_{GSY} < U_{TO}$

U_{DSX} Drain-Source-Spannung im EIN-Zustand

I_{DX} Drainstrom im EIN-Zustand

EIN-Widerstand

$$R_{ON} = \frac{U_{DSX}}{I_{DX}} = \frac{\alpha}{K(U_B - U_{TO})}$$

α Parameter $1 \le \alpha \le 2$

K Transistorkenngröße

U_{TO} Schwellspannung

Anstiegszeitkonstante

$$\tau_r = R_D\, C_L$$

Abfallzeitkonstante

$$\tau_f = (R_D \| R_{ON})\, C_L$$

Einschaltzeit

$$t_E = \tau_f \cdot \ln 9 = 2{,}2\, \tau_f$$

Ausschaltzeit

$$t_A = \tau_r \cdot \ln 9 = 2{,}2\, \tau_r$$

CMOS-Schalter

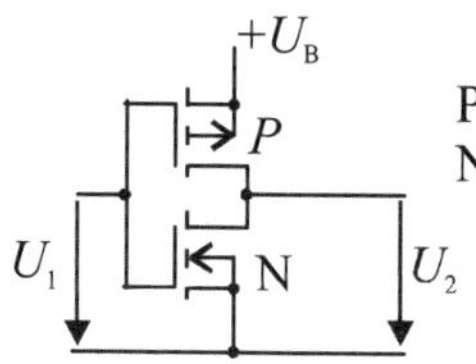

P: PMOS FET
N: NMOS FET

Statische Übertragungskennlinie

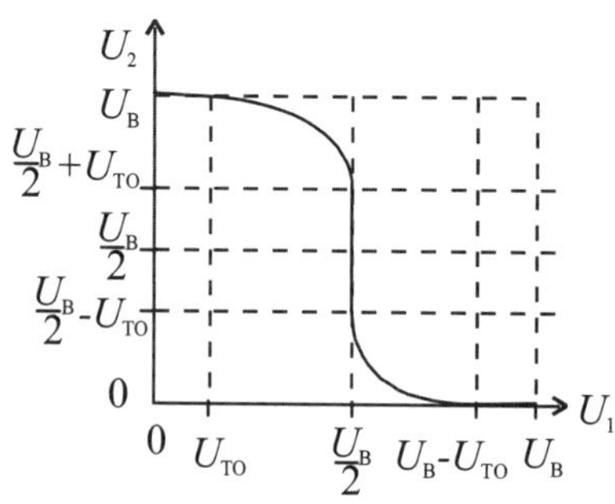

$$U_2 = \begin{cases} U_B & 0 \le U_1 < U_{TO} \\ (U_1 + U_{TO}) + \sqrt{[U_B - (U_1 + U_{TO})]^2 - (U_1 - U_{TO})^2} & U_{TO} \le U_1 < \frac{U_B}{2} \\ \left(\frac{U_B}{2} + U_{TO}\right) \ldots \left(\frac{U_B}{2} - U_{TO}\right) & U_1 = \frac{U_B}{2} \\ (U_1 - U_{TO}) - \sqrt{(U_1 - U_{TO})^2 - [U_B - (U_1 + U_{TO})]^2} & \frac{U_B}{2} \le U_1 < U_B - U_{TO} \\ 0 & U_B - U_{TO} \le U_1 < U_B \end{cases}$$

U_1 Eingangsspannung
U_2 Ausgangsspannung
U_B Betriebsspannung
U_{TO} Schwellspannung
$U_{TON} = -U_{TOP} = U_{TO}$

Impulsantwort (lineare Näherung)

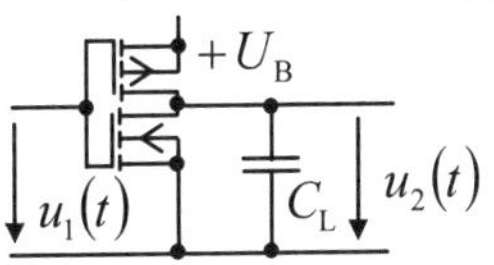

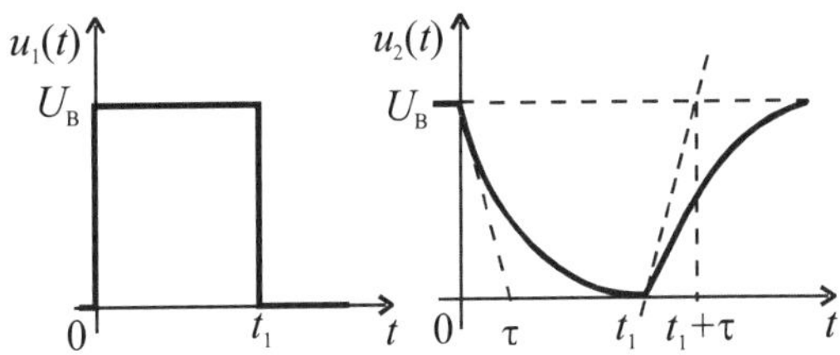

$$u_2(t) = \begin{cases} U_B \cdot e^{-\frac{t}{\tau}} & \text{für } 0 \le t < t_1 \\ U_B \left(1 - e^{-\frac{t - t_1}{\tau}}\right) & \text{für } t \ge t_1,\ \tau \ll t_1 \end{cases}$$

Zeitkonstante

$$\tau = R_{\mathrm{ON}} C_{\mathrm{L}}$$

EIN-Widerstand

$$R_{\mathrm{ON}} \approx \frac{\alpha}{K(U_{\mathrm{B}} - U_{\mathrm{TO}})}$$

K Transistorkenngröße
U_{TO} Schwellspannung
α Korrekturfaktor $\alpha \approx 1{,}5$

Einschaltzeit

$$t_{\mathrm{E}} = \tau \ln 9 = 2{,}2\tau$$

Ausschaltzeit

$$t_{\mathrm{A}} = \tau \ln 9 = 2{,}2\tau$$

Dynamische Verlustleistung bei periodischer rechteckförmiger Ansteuerung

$$P = C_{\mathrm{L}} U_{\mathrm{B}}^2 f$$

C_{L} Lastkapazität
U_{B} Versorgungsspannung
f Taktfrequenz

Bidirektionales Transmissionsgatter

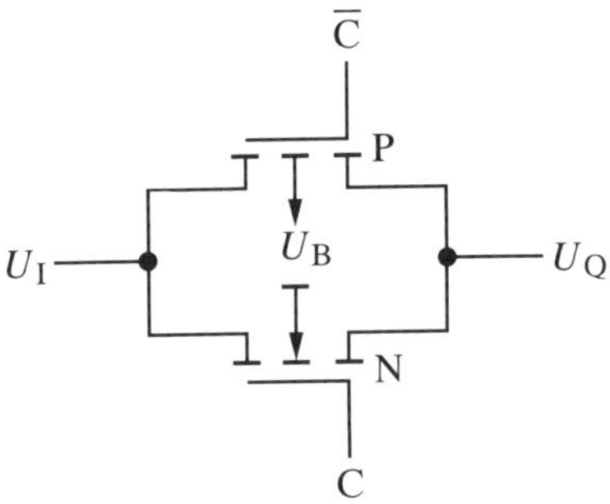

P: PMOS FET
N: NMOS FET
C: Steuereingang
$\bar{C}$: invertierter Steuereingang
U_I: Eingangsspannung
U_Q: Ausgangsspannung
(Ein- und Ausgang vertauschbar)

Sperrwiderstand für $U_C = 0, U_{\bar{C}} = U_B$

$$R_{OFF} \to \infty$$

Durchlasswiderstand für $U_C = U_B$, $U_{\bar{C}} = 0$

$$G_{ON} = \frac{1}{R_{ON}} = \begin{cases} K(U_B - U_I - U_{T0}) & \text{für} \quad 0 \le U_I < U_{T0} \\ K(U_B - 2U_{T0}) & \text{für} \quad U_{T0} \le U_I < U_B - U_{T0} \\ K(U_I - U_{T0}) & \text{für} \quad U_B - U_{T0} \le U_I \le U_B \end{cases}$$

U_B Betriebsspannung
K Transistorkenngröße
U_{T0} Schwellspannung

$$U_{T0N} = -U_{T0P} = U_{T0}$$
$$K_N = -K_P = K$$

12

Sachwortverzeichnis

S